U0249388

污染场地风险管控与修复丛书

污染场地土壤与地下水高级氧化技术修复原理及应用

陈梦舫　张文影　韩　璐　著

科学出版社

北　京

内 容 简 介

本书对污染场地土壤与地下水高级氧化技术修复原理及应用进行了系统总结，内容涵盖高级氧化技术研究概况和在场地污染土壤及地下水修复应用中的发展现状、修复机理、技术系统设计、施工工艺、性能监测、效果评估、维护等方面，并参考若干国内外工程案例，对高级氧化技术在污染场地土壤和地下水修复中的应用情况进行系统分析，以期为我国污染场地高级氧化技术应用实践提供参考。

本书可作为环境类专业的研究生或本科生、环境管理者学习或研究高级氧化技术修复原理及应用的专业人员的参考书籍，也可以供污染场地土壤与地下水修复技术人员等环境修复从业者参考使用。

图书在版编目(CIP)数据

污染场地土壤与地下水高级氧化技术修复原理及应用/陈梦舫，张文影，韩璐著. —北京：科学出版社，2023.6
（污染场地风险管控与修复丛书）
ISBN 978-7-03-074882-9

Ⅰ.①污… Ⅱ.①陈… ②张… ③韩… Ⅲ.①场地-环境污染-土壤污染-污染防治②场地-环境污染-地下水污染-污染防治 Ⅳ.①X5

中国国家版本馆 CIP 数据核字(2023)第 029598 号

责任编辑：周 丹 沈 旭/责任校对：任云峰
责任印制：师艳茹/封面设计：许 瑞

科学出版社 出版
北京东黄城根北街 16 号
邮政编码：100717
http://www.sciencep.com
河北鹏润印刷有限公司 印刷
科学出版社发行 各地新华书店经销
*
2023 年 6 月第 一 版 开本：720×1000 1/16
2023 年 6 月第一次印刷 印张：12 1/2
字数：252 000
定价：169.00 元
（如有印装质量问题，我社负责调换）

《污染场地土壤与地下水高级氧化技术修复原理及应用》

作 者 名 单

主要作者： 陈梦舫　张文影　韩　璐

参编人员： 晏井春　钱林波　杨　磊　陈　云

欧阳达　董欣竹　郭子涵　梁　聪

李　婧　武文培　陈雪艳　陈宏坪

艾雨露　贾郁菲　魏子斐　龙　颖

高卫国　顾爱良　桂时乔　刘　鹏

刘渊文　王建功　王文峰　邢绍文

张晓斌

陈梦舫，博士，中国科学院南京土壤研究所研究员、博士生导师，现任国家重点研发计划首席科学家，江苏省污染场地土壤与地下水修复工程实验室主任，中国土壤学会土壤修复专委会顾问，江苏省环境科学学会土壤与地下水修复专委会主任。曾任 2012 年英国伦敦奥运会地下水污染修复顾问、欧盟第七框架地下水修复专项国际顾问。

主要从事工业场地土壤与地下水污染风险管控技术、绿色高效环境修复功能材料、矿山地下水污染过程及生态修复技术等研究，构建了基于风险的污染迁移与暴露耦合评价体系，自主开发的场地健康与环境风险评估系列软件（HERA）已成为我国场地污染风险管控的重要工具；研发了零价铁、生物质炭、过硫酸盐、黏土矿物等多种新型环境复合功能材料，形成了绿色高效还原、高活性自由基调控高级氧化等修复技术体系，建成了国际上首个新型纳米零价铁复合材料原位地下水化学反应屏障等 3 个地下水污染修复示范工程；通过技术培训，为国家培养土壤污染风险管控技术人员近 4500 名，研究成果入选国家"十三五"科技创新成就展。

主持国家重点研发计划、国家自然科学基金面上项目、中欧国际合作等 20 项课题；授权国家发明专利 8 项；发表著作 6 部；在 *Chemical Engineering Journal*、*Journal of Hazardous Materials* 等期刊发表 SCI 论文 80 余篇（其中 6 篇入选 ESI 高被引论文），发表中文核心期刊论文 40 余篇；获环境保护科学技术奖、中国土壤学会科学技术奖二等奖两项，为我国工矿场地土壤与地下水污染综合治理与安全开发利用提供了系统解决方案。

张文影，博士，中国科学院南京土壤研究所特别研究助理，主要从事场地地下水污染修复技术和绿色高效修复功能材料研发等方向的研究；主持江苏省卓越博士后计划项目 1 项，参与国家重点研发计划土壤专项、科技部 863 项目、国家自然科学基金面上项目和国家自然科学基金青年项目等科研项目；近五年以第一作者在 *Chemical Engineering Journal*、*Journal of Hazardous Materials*、*Chemosphere* 等期刊发表 SCI 论文 4 篇（其中 1 篇入选 ESI 高被引论文）。

参与编写"污染场地风险管控与修复丛书"中《地下水可渗透反应墙修复技术原理、设计及应用》《污染场地地下水纳米零价铁技术：修复原理、设计及应用》《污染场地土壤与地下水风险评估方法学》及本书4部。

韩璐，博士，中国科学院南京土壤研究所助理研究员，主要从事场地地下水污染修复机理和场地风险评估等方面研究；主持国家自然科学青年基金项目和国家重点研发计划土壤专项子课题各1项，作为项目骨干参与了科技部863项目和国家重点研发计划纳米科技专项等科研项目，承担了《污染场地健康与水环境风险评估软件（HERA）》、《基于互联网的污染场地土壤与地下水风险评估软件（HERA^{++}）》、《污染场地土壤与地下水风险管控系统（HERA-3D）》和《纳米材料迁移和风险评估软件》的研发工作；以第一/通信作者发表中英文论文17篇，合作"污染场地风险管控与修复丛书"3部，获中国土壤学会和中国科学院土壤研究所科学技术奖二等奖。

丛 书 序

工矿企业生产活动导致的场地污染是我国近二十年来城镇化进程中不可回避的环境焦点问题之一。数以万计关闭搬迁或遗留污染场地的安全再开发，是保障生态环境和人民健康安全、保证我国经济社会与环境可持续发展的重要基础，因而必须高度重视污染场地的风险管控与修复工作。2018年5月18日，习近平总书记在全国生态环境保护大会上强调要全面落实《土壤污染防治行动计划》，突出重点区域、行业和污染物，强化土壤污染管控和修复，有效防范风险，让老百姓吃得放心、住得安心。自《土壤污染防治行动计划》和《中华人民共和国土壤污染防治法》实施以来，我国土壤污染防治问题得到了一定程度的缓解，然而，场地污染由于具有高负荷、高异质、高复合等特征，治理难度大、周期长、成本高，治理与修复工作仍然任重道远，场地污染仍是我国现阶段需要重点关注的突出环境问题。

中国科学院南京土壤研究所陈梦舫研究团队是专门从事污染场地土壤与地下水修复技术研发与应用研究的专业团队，主要开展污染场地高精度环境地质与污染调查、多介质污染物溶质迁移转化模拟、精细化场地健康与环境风险评估、绿色高效环境修复功能材料研发、土壤与地下水污染控制与修复关键技术应用示范等方面的研究，为污染场地安全开发利用与可持续修复提供科技支撑与系统解决方案。

"污染场地风险管控与修复丛书"主要针对我国场地土壤与地下水复合污染严重、治理技术单一、开发利用风险大等突出问题，基于土壤与地下水污染风险管控、绿色材料研发、施用技术创新、可持续协同治理的理念，结合我国土壤与地下水修复发展现状及国际修复行业前沿发展趋势，系统总结了团队多年来在场地污染风险管控与修复理论及技术的研究成果和实践经验，形成系列场地可复制、可推广的系统解决方案和工程案例，以编著或教材形式持续出版，旨在促进土壤与地下水污染修复科学健康发展，推动土壤与地下水修复新技术的发展、创新与实践应用，切实提升土壤与地下水污染防治科技攻关能力，为改善土壤与地下水环境质量、保障人民健康与生态环境安全、实现我国经济社会可持续发展提供决策依据和关键技术支撑。

陈梦舫

2022年2月8日于南京

序

自 18 世纪开始的工业革命给人类带来了生产力的飞速发展和生活水平的显著提高，但环境问题也接踵而来。随着我国经济社会快速发展、产业结构升级和产业空间布局优化，城市土地开发需求激增，城区内大量高污染、高能耗的工业企业关闭搬迁或在遗留工业场地再开发利用过程中面临着污染治理与地区经济发展不平衡、环境污染引发公众事件、污染暴露风险危及公众健康安全和周边水环境等突出的环境问题。工业污染场地风险管控和修复治理已成为我国乃至国际上的技术难题，制约着我国经济社会的可持续发展。

随着科学技术的发展，越来越多的新型材料被运用于农药、石化、印染、纺织、医疗、制药等多个行业领域，有机物的使用量大幅增加，并不断出现多种类型的新型有机污染物。2017 年习近平总书记在党的十九大报告中指出，坚持人与自然和谐共生，必须树立和践行绿水青山就是金山银山的理念，坚持节约资源和保护环境的基本国策。如何高效、快速、环保地去除土壤和地下水介质中出现的各类难降解有机污染物是当前我国环境修复行业面临的问题之一。

高级氧化技术是 20 世纪 80 年代发展起来的一种新型的高效处理难降解有机污染物的新兴技术，这种方法可使体系中产生具有强氧化性的自由基及其他活性氧物种，能够将难以或者无法通过常规手段降解的有机污染物直接氧化成小分子有机物，并能进一步将小分子有机物氧化，从而实现有机污染物的去除，特别是基于铁基催化剂的高级氧化技术近年来得到广泛关注和大量研究。综合国内外多项研究发现，高级氧化技术具有较广阔的应用前景。工业场地有机污染高级氧化治理措施的使用，对提升土壤和地下水环境质量，遏制工业污染恶化趋势，保障人民健康与环境安全，推动美丽中国与健康中国的建设具有重要意义。总体而言，高级氧化技术对我国土壤和地下水有机污染物的去除有着重要的意义，有助于推动我国的环境保护和可持续发展。

高级氧化技术在工业污染场地污染物去除方向的发展时间较短，但发展速度极快，其技术方法呈现多元性，在各类工业难降解有机污染物处理效率上具有显著优势，提升了现阶段工业污染场地污染物处理的安全性、稳定性和环保性，避免了在污染物处理过程中可能造成的二次污染事故。现阶段高级氧化技术在我国工业污染场地中的应用尚未完全普及，未来随着我国科技研发水平的不断提升，高级氧化技术在工业污染场地土壤和地下水污染修复中的应用也会更加成熟完善，这也是我国城市化建设、工业化生产得以形成可持续发展模式的必要依据。

但我国仍较缺乏对高级氧化技术理论基础和方法学的系统研究，并且随着我国乃至国际范围内对污染场地绿色可持续修复要求的不断提高，非常有必要加强相关从业人员的专业基础培养，提升专业人员对污染场地土壤和地下水修复中高级氧化技术的理解和运用水平，以满足我国对污染场地绿色修复和可持续发展的迫切需求，实现工业污染场地的安全再开发，保障人民健康和生态环境安全。

中国科学院南京土壤研究所陈梦舫课题组一直致力于推动我国污染场地风险管控与修复学科的发展，在高级氧化技术去除难降解有机污染物方面开展了大量工作。前期课题组已出版了"污染场地风险管控与修复丛书"系列专著《污染场地土壤与地下水风险评估方法学》《地下水可渗透反应墙修复技术原理、设计及应用》《污染场地土壤与地下水精细化风险评估理论与实践》《污染场地地下水纳米零价铁技术：修复原理、设计及应用》等，旨在为污染场地安全开发利用与可持续修复提供科技支撑和系统解决方案。此次出版的《污染场地土壤与地下水高级氧化技术修复原理及应用》是"污染场地风险管控与修复丛书"系列专著的延伸与拓展，本书简要总结了污染场地高级氧化技术的发展历史、近年来在污染场地难降解有机污染物方面取得的进展及场地应用概况；全面介绍了高级氧化技术的基础理论知识，系统总结了高级氧化技术分类、活化体系、去除污染物机理等理论内容；系统阐述了高级氧化修复技术系统设计流程、应用及施工工艺、监测及评价等工程应用内容，并结合国内外多个典型案例对高级氧化修复技术在场地污染土壤和地下水中的应用进行了深度剖析，以期使更多从业人员理解和掌握高级氧化技术，切实有效地为我国打好土壤污染防治攻坚战提供关键科技支撑。

2022 年 12 月 8 日于南京

前　　言

近年来，我国土壤和地下水环境污染问题日益凸显。随着我国生态文明建设的深入推进、产业结构的优化升级以及"退二进三"、退城进园等政策的相继实施，大批工艺设备落后、污染严重的企业面临关停并转或搬迁，京津冀、长三角、珠三角等地区产生了大量的遗留地块，部分遗留地块土壤和地下水污染严重，若不采取有效的技术对风险较高、污染较重的地块进行修复治理，将对人体健康和环境安全造成严重威胁。

2018 年 8 月十三届全国人大常委会第五次会议通过的《中华人民共和国土壤污染防治法》明确规定，未达到土壤污染风险评估报告确定的风险管控、修复目标的建设用地地块，禁止开工建设任何与风险管控、修复无关的项目，即污染土壤必须修复达到未来规划用地土壤环境质量要求后，方可再开发利用。因此，选择能确保污染地块修复达到治理要求的修复技术成为极其重要的内容。2022 年 5 月，国务院办公厅印发的《新污染物治理行动方案》明确指出，为深入贯彻落实党中央、国务院决策部署，加强新污染物治理，切实保障生态环境安全和人民健康，以精准治污、科学治污、依法治污为工作方针，"十四五"期间需对一批重点管控新污染物开展专项治理，系统构建新污染物治理长效机制，形成贯穿全过程、涵盖各类别、采取多举措的治理体系；同时应加强新污染物相关新理论和新技术等研究，提升创新能力，促进以更高标准打好蓝天、碧水、净土保卫战，提升美丽中国、健康中国建设水平。

现代工业的飞速发展带来了越来越严重的环境污染问题，各种新型污染物层出不穷。由于污染类型的多样性、地块特征的复杂性、未来规划的差异性，污染地块往往需要采用科学方法选择合适的修复技术，进而精准实施治理修复，实现"精准治污、科学治污、依法治污"的目标。高级氧化技术能够在反应过程中产生具有强氧化性的自由基等活性物种，将有机污染物分解成小分子物质，甚至直接矿化，由于安全性高、绿色低碳、二次污染风险低等优势，在环境污染治理中具有巨大的潜力。

本书围绕污染场地高级氧化修复技术这一主题，分成七章展开论述。第 1 章简要介绍高级氧化技术的发展历史、修复原理、研究进展及场地应用现状；第 2 章详细介绍高级氧化技术修复机理，涵盖技术分类、技术活化体系、去除污染物机理等；第 3 章阐述高级氧化技术体系系统设计，包含可行性评估、场地概念模型及场地特征分析、实验参数获取、系统设计、安全和健康要求等重要内容；第

4 章详细介绍高级氧化技术应用及施工工艺，并列举了污染场地修复案例，为高级氧化修复技术在实际应用过程中的工艺设计提供重要参考依据；第 5 章着重介绍高级氧化技术监测及评价，包含过程监测、性能监测、监测技术及评价指标、监测及评价案例分析等部分，为后期修复工程的实施方案优化提供必不可少的数据支撑；第 6 章以案例形式介绍了高级氧化技术在污染场地土壤和地下水修复中的设计及应用过程；第 7 章作为总结，提出当前高级氧化技术在污染场地修复中存在的一些问题，以及未来应着重发展和深入研究的方向。

本书的出版受到了国家重点研发计划"场地土壤污染成因与治理技术"重点专项项目"京津冀及周边焦化场地污染治理与再开发利用技术研究与集成示范"（2018YFC1803000）、"纳米科技"重点专项"用于土壤有机污染阻控与高效修复的纳米材料与技术"（2017YFA0207003）和国家自然科学基金面上项目"中空核壳铁-碳复合材料活化过硫酸盐修复地下水苯-萘复合污染机制"（42277071）资助。

本书援引了相关论著的宝贵数据，在此对相关作者表示谢意。生态环境部南京环境科学研究所陈云博士、浙江农林大学欧阳达博士、南京凯业环境科技有限公司顾明月均参与了本书的资料整理、专著撰写和校对工作。感谢北京建工环境修复股份有限公司、宝武集团环境资源科技有限公司、江苏大地益源环境修复有限公司、交通运输部天津水运工程科学研究院等单位提供的宝贵案例资料。此外，感谢中国科学院南京土壤研究所沈仁芳所长、骆永明研究员，北京市生态环境保护科学研究院姜林研究员，生态环境部土壤与农业农村生态环境监管技术中心周友亚研究员，以及中国地质大学（武汉）李义连教授对本书撰写给予的大力支持和帮助！

由于时间仓促及作者水平所限，书中难免存在疏漏，希望广大读者和同仁不吝赐教，以利于本书的修订和完善。

2022 年 12 月于南京

目　　录

丛书序

序

前言

第1章　绪论 ………………………………………………………… 1

1.1　高级氧化技术概述 …………………………………………… 1

1.2　高级氧化技术原理 …………………………………………… 2

1.3　高级氧化技术研究进展 ……………………………………… 3

　　1.3.1　Fenton 试剂氧化法 …………………………………… 3

　　1.3.2　臭氧氧化法 …………………………………………… 4

　　1.3.3　电化学催化氧化法 …………………………………… 4

　　1.3.4　湿式氧化技术 ………………………………………… 5

　　1.3.5　超临界水氧化技术 …………………………………… 6

　　1.3.6　光催化氧化技术 ……………………………………… 7

　　1.3.7　超声波氧化法 ………………………………………… 8

　　1.3.8　过硫酸盐氧化技术 …………………………………… 8

1.4　高级氧化技术场地应用概况 ………………………………… 9

　参考文献 …………………………………………………………… 13

第2章　高级氧化技术修复机理 …………………………………… 16

2.1　高级氧化技术分类 …………………………………………… 16

　　2.1.1　基于过氧化物的高级氧化技术 ……………………… 16

　　2.1.2　基于过硫酸盐的高级氧化技术 ……………………… 18

　　2.1.3　基于臭氧的高级氧化技术 …………………………… 19

2.2　高级氧化技术活化体系 ……………………………………… 21

　　2.2.1　活性氧物质种类 ……………………………………… 21

　　2.2.2　活性氧物质定性与定量方法 ………………………… 22

　　2.2.3　基于过氧化物的活化体系 …………………………… 26

　　2.2.4　基于过硫酸盐的活化体系 …………………………… 37

　　2.2.5　基于臭氧的活化体系 ………………………………… 51

2.3　高级氧化技术去除污染物机理 ……………………………… 59

　　2.3.1　有机污染物去除机理 ………………………………… 59

　　2.3.2　其他污染物去除机理 ·· 73

　2.4　小结 ·· 74

　参考文献 ·· 74

第3章　高级氧化技术体系系统设计 ··· 84

　3.1　场地概念模型及场地特征分析 ·· 84

　　3.1.1　场地概念模型的关键要素 ·· 84

　　3.1.2　场地特征分析 ·· 85

　3.2　原位高级氧化技术系统设计流程 ·· 90

　　3.2.1　原位化学氧化可行性评估阶段 ·· 90

　　3.2.2　试验阶段 ·· 92

　　3.2.3　场地全面修复阶段 ·· 94

　3.3　异位高级氧化技术系统设计 ·· 96

　　3.3.1　异位化学氧化技术系统构成和主要设备 ·· 96

　　3.3.2　异位化学氧化技术的关键参数和指标 ·· 97

　　3.3.3　异位化学氧化技术的实施 ·· 97

　3.4　高级氧化技术实验参数获取 ·· 99

　　3.4.1　原位氧化技术应用中的常见氧化剂 ·· 99

　　3.4.2　实验室小试 ·· 102

　　3.4.3　场地中试 ·· 103

　　3.4.4　氧化剂浓度和体积估算 ·· 104

　3.5　高级氧化技术体系设计的安全和健康要求 ······································· 106

　　3.5.1　高级氧化修复技术的安全设计要求 ··· 107

　　3.5.2　氧化剂存储和使用的安全与健康要求 ·· 107

　　3.5.3　热动力学方面的安全与健康要求 ··· 107

　3.6　小结 ··· 108

　参考文献 ··· 109

第4章　高级氧化技术应用及施工工艺 ··· 110

　4.1　高级氧化技术的应用 ··· 110

　　4.1.1　原位高级化学氧化技术的应用 ··· 110

　　4.1.2　异位高级化学氧化技术的应用 ··· 111

　4.2　高级氧化技术施工设计 ··· 112

　4.3　高级氧化技术施工工艺 ··· 114

　　4.3.1　原位高级氧化施工工艺 ·· 114

　　4.3.2　异位高级氧化施工工艺 ·· 123

　4.4　高级氧化技术施工案例 ··· 125

4.4.1　美国安纳尼斯顿陆军仓库·············125
4.4.2　美国科罗拉多州丹佛前标牌制造厂·············126
4.4.3　美国马萨诸塞州弗雷明汉前新闻出版机构·············126
4.4.4　中国北方某化工厂污染场地·············127
4.4.5　中国南方某化工企业仓库遗留场地·············127
4.4.6　中国北方某苯酚污染场地·············128
4.5　小结·············130
参考文献·············130

第5章　高级氧化技术监测及评价·············132
5.1　过程监测·············133
5.1.1　过程监测方案的设计·············133
5.1.2　过程监测的实施·············135
5.1.3　过程监测反馈·············135
5.2　性能监测·············136
5.2.1　场地基本条件·············137
5.2.2　关注污染物和降解产物·············138
5.2.3　金属物质溶解和迁移·············139
5.3　监测技术及评价指标·············139
5.3.1　高锰酸钾·············141
5.3.2　过硫酸钠·············141
5.3.3　过氧化氢·············141
5.3.4　臭氧·············142
5.4　监测及评价案例分析·············143
5.4.1　中国北方某退役化学试剂厂氯代烃污染场地中试·············143
5.4.2　中国南方某多环芳烃污染地块修复工程·············144
5.4.3　中国南方某水泥厂地块总石油烃污染修复工程·············145
5.4.4　美国弗吉尼亚州阿勒格尼弹道实验室场地中试·············146
参考文献·············148

第6章　高级氧化技术案例分析·············150
6.1　天津某退役化工厂氯苯污染地块·············150
6.1.1　场地概况·············150
6.1.2　生产历史·············151
6.1.3　水文地质调查·············151
6.1.4　施工设计及监测评估·············151
6.1.5　小结·············158

6.2　上海某钢材剪切厂遗留场地 ………………………………………… 158
　　6.2.1　场地概况 ……………………………………………………… 158
　　6.2.2　生产历史 ……………………………………………………… 159
　　6.2.3　水文地质调查及风险评估 …………………………………… 159
　　6.2.4　施工设计及监测评估 ………………………………………… 160
　　6.2.5　小结 …………………………………………………………… 163
6.3　江苏某化工企业石油烃污染地块 …………………………………… 163
　　6.3.1　场地概况 ……………………………………………………… 163
　　6.3.2　生产历史 ……………………………………………………… 164
　　6.3.3　水文地质调查 ………………………………………………… 164
　　6.3.4　施工设计及监测评估 ………………………………………… 165
　　6.3.5　小结 …………………………………………………………… 168
6.4　华北地区某地石油烃污染土壤地块 ………………………………… 168
　　6.4.1　场地概况 ……………………………………………………… 168
　　6.4.2　生产历史 ……………………………………………………… 168
　　6.4.3　水文地质调查 ………………………………………………… 168
　　6.4.4　施工设计及监测评估 ………………………………………… 169
　　6.4.5　小结 …………………………………………………………… 173
6.5　华东地区某化工厂石油烃污染地下水地块 ………………………… 173
　　6.5.1　场地概况 ……………………………………………………… 173
　　6.5.2　生产历史 ……………………………………………………… 173
　　6.5.3　水文地质调查 ………………………………………………… 173
　　6.5.4　施工设计及监测评估 ………………………………………… 174
　　6.5.5　小结 …………………………………………………………… 178
参考文献 …………………………………………………………………… 178
第7章　结语 ……………………………………………………………… 179
附录　中英文术语缩写词对照 …………………………………………… 182

第1章 绪 论

1.1 高级氧化技术概述

高级氧化技术(advanced oxidation technologies,AOTs)的概念是由 Glaze 等于 1987 年提出的(Glaze et al., 1987)。它利用强氧化性的自由基[如羟基自由基(•OH),E^0=2.80 V]进攻水相或土壤中的有机污染物,将大分子有机物氧化降解为低毒或无毒的小分子物质,使其逐级降解甚至直接矿化。高级氧化技术泛指反应过程有大量自由基参与的化学氧化技术。其基础在于运用催化剂、辐射,有时还与氧化剂结合,在反应中产生活性极强的自由基,再通过自由基与污染物之间的加合、取代、电子转移等使污染物全部或接近全部矿质化。

高级氧化技术以•OH 的提出为标志,•OH 反应是高级氧化反应的根本特点。•OH 一旦形成,会诱发一系列的自由基链反应,攻击水体中的各种有机污染物,直至降解为二氧化碳、水和其他矿物盐。随着高级氧化技术的发展,其定义有了新的内涵。除了•OH,其他活性极强的自由基及非自由基等都可以与难降解的有机物发生反应,因此,将产生这些活性自由基和非自由基的技术都归属于高级氧化技术。

目前,在有机污染物的降解领域研究较为活跃的是基于•OH 氧化体系的高级氧化技术。与传统的氧化方法相比,•OH 氧化体系具有以下特点:①氧化能力强,理论上能有效去除多种污染物;②可实现有机污染物的逐级降解甚至完全矿化为 CO_2 和 H_2O,无二次污染;③•OH 通过与有机物进行氢的加成或取代反应实现其降解,反应速度快,氧化速率常数可达 $10^6 \sim 10^9$ L/(mol·s);④产生•OH 的途径很多,可操作性和可控性强。

虽然基于活化 H_2O_2 的芬顿(Fenton)及类 Fenton 体系产生的•OH 能够实现有机污染物的快速降解,但在修复有机污染土壤和地下水的实际应用中,采用•OH 降解有机污染物仍存在以下两个问题:①•OH 存在时间短,水溶液中其寿命小于 1 μs,不能有效迁移到污染物表面与之充分接触,导致•OH 的利用率不高;②•OH 通过羟基的加成与取代进攻有机污染物,对某些具有特殊结构的有机污染物不能形成有效降解。例如,Hori 等(2005)研究表明 Fenton 体系所产生的•OH 不能有效降解全氟羧酸。基于以上•OH 的缺点,人们提出利用硫酸根自由基(SO_4^-•)高级氧化技术降解有机污染物。

产生 $SO_4^-\bullet$ 的氧化剂有过二硫酸盐 $(S_2O_8^{2-})$ 和过一硫酸盐 (HSO_5^-)。与 H_2O_2 相似，上述两种氧化剂分子中含有过氧基—O—O—，可在外加能量或过渡金属离子的活化作用下断裂分子中—O—O—键产生 $SO_4^-\bullet$。以过硫酸盐为氧化剂产生 $SO_4^-\bullet$ 的氧化体系主要包括热/$S_2O_8^{2-}$、UV/$S_2O_8^{2-}$、Fe^{2+}/$S_2O_8^{2-}$ 等；而 Co^{2+} 对 HSO_5^- 的活化效果最好，因此，Co^{2+}/HSO_5^-、Co_3O_4/HSO_5^- 及 $CoFeO_3$/HSO_5^- 等体系在环境修复中的应用较多（Rastogi et al., 2009; Yang et al., 2008）。过一硫酸盐在水中电离产生 H^+，导致其水溶液酸性较强；活化反应过后，溶液的酸性会进一步增强。因此，基于活化水溶液呈中性、价格相对低廉的过二硫酸盐产生 $SO_4^-\bullet$ 的高级氧化技术在环境修复中更具应用潜力。

1.2　高级氧化技术原理

AOTs 起源于 Fenton 反应，相比于一般的化学氧化，其优势在于产生的$\bullet$OH 氧化还原电位(ORP)远高于普通氧化剂，能够降解环境中绝大多数的有机污染物质。随着研究的不断深入，研究者认为利用强氧化活性物质达到去除污染物目的的过程均为高级氧化过程。其中的强氧化活性物质主要包含$\bullet$OH、$SO_4^-\bullet$、氯自由基(Cl$\bullet$)、超氧自由基($\bullet O_2^-$)、氢过氧自由基(HO$_2\bullet$)等自由基物质，以及单线态氧($^1O_2$)、过氧化物等非自由基物质。研究表明，这些物质具有较高的氧化还原电位和较快的反应速率，能较大程度实现污染修复中有机污染物的矿化。其中，又以$\bullet$OH 和 $SO_4^-\bullet$ 为代表的活性氧(reactive oxygen species, ROS)物质具有最大的反应活性。AOTs 中主要活性物质的标准电位见表 1-1。

表 1-1　AOTs 中主要活性物质的标准电位

活性物质	还原反应	标准电位/V
$\bullet$OH	$\bullet OH + H^+ + e^- \longrightarrow H_2O$	1.90～2.70
$SO_4^-\bullet$	$SO_4^-\bullet + e^- \longrightarrow SO_4^{2-}$	2.50～3.10
HO$_2\bullet$	$HO_2\bullet + 3H^+ + 3e^- \longrightarrow 2H_2O$	1.65
$\bullet O_2^-$	$\bullet O_2^- + H^+ \longrightarrow HO_2\bullet$ $HO_2\bullet + 3H^+ + 3e^- \longrightarrow 2H_2O$	0.95
$^1O_2$	—	0.65

活性自由基一般通过化学氧化法、电化学氧化法、湿式氧化法(湿式空气氧化法/湿式空气催化氧化法)、超临界水氧化法、光催化氧化法、超声波氧化法和过硫酸盐氧化法等产生。产生的自由基会通过氢抽提反应、加成反应、电子转移、

氧化分解等过程，经历链的引发、链的传递、链的终止这三个自由基反应阶段实现有机污染物的降解。

•OH 的电子亲和能为 569.3 kJ，容易进攻高电子云密度点，这也决定了羟基自由基的进攻具有一定的选择性。例如，对于酚类的 C—H 键的进攻，α 位置 H 和 β 位置 H 的活性顺序为 Primary＜Secondary＜Tertiary，•OH 比烷基具有更强的供电子能力，因此，•OH 降解酚类化合物时更易进攻 α 位置 H。•OH 对有机污染物的氧化作用可分为如下三种反应进行。

$$脱氢反应：RH+•OH \longrightarrow H_2O+•R \rightarrow 进一步氧化 \tag{1-1}$$

$$亲电子加成：•OH+PHX \longrightarrow •OH\,PHX \tag{1-2}$$

$$电子转移：•OH+RX \longrightarrow •RX^+ +OH^- \tag{1-3}$$

$SO_4^-•$ 有一个孤对电子，得电子能力强，具有较高氧化能力，理论上可以将大多数有机污染物氧化为小分子有机酸，并最终矿化为 CO_2 和 H_2O。$SO_4^-•$ 通过以下三种方式降解有机污染物：①与芳香类化合物发生电子转移反应；②与醇类、烷烃、醚及脂类化合物则主要发生氢提取反应；③与不饱和烯烃类化合物主要发生加成反应。三种方式如下所示：

$$R-\bigcirc + SO_4^- • \longrightarrow R-\bigcirc^{•\,+} + SO_4^{2-} \tag{1-4}$$

$$SO_4^- • + RH \longrightarrow HSO_4^- + R• \tag{1-5}$$

$$SO_4^- • + H_2C=CHR \longrightarrow {}^- OSO_2OCH_2—CHR• \tag{1-6}$$

$SO_4^-•$ 是亲电子基团，当有机物中存在供电子基团时，比如氨基（—NH_2）、羟基（—OH）、烷氧基（—OR）等，将有利于有机物与 $SO_4^-•$ 反应；当有机物中存在吸电子基团时，比如硝基（—NO_2）或羰基（C=O），则不利于 $SO_4^-•$ 降解反应的进行。

1.3 高级氧化技术研究进展

1.3.1 Fenton 试剂氧化法

该技术起源于 19 世纪 90 年代中期，由英国科学家 H. J. Fenton 提出（Fenton，1894）。在酸性条件下，H_2O_2 在 Fe^{2+} 的催化作用下可有效地将酒石酸氧化，并应用于苹果酸的氧化（吴晴等，2015）。Fenton 试剂氧化法的主要原理是利用 Fe^{2+} 作为 H_2O_2 的催化剂，且反应大都在酸性条件下进行。

Fenton 试剂是一种强氧化剂，由亚铁离子（Fe^{2+}）和过氧化氢（H_2O_2）组合而成，在一定条件下 Fe^{2+} 催化 H_2O_2 产生氧化性极强的•OH 进攻有机物分子，将其分解为可生化降解的小分子有机物或最终矿化成 CO_2 和 H_2O 等无机物(Guedes et al., 2003)。羟基自由基的电子亲和能为 569.3 kJ(Bishop et al., 1968),较易进攻电子云密度高的点,使得·OH 的进攻具有一定的选择性。

Fenton 试剂氧化法适用于氧化具有生物毒性且难处理的工业废水,它具有环境友好、反应条件温和、设备简便及操作过程简单和反应速度快等优点,因而被广泛应用于废水处理中(王锐等,2022)。但在具体运行时, H_2O_2 利用率较低,且废水处理具有较高的成本。为了解决上述问题,可以将 Fenton 试剂与其他方法联用,如通过紫外线、可见光、超声波等手段加快 Fenton 反应速率以及提高氧化降解效率等(张传君等,2005);对于难降解的高浓度有机废水可以将 Fenton 试剂氧化法和生物法联用,采用"生物氧化-催化氧化-生物氧化"组合工艺进行降解(胡俊生和郭金彤,2021)。由于 Fenton 试剂反应迅速,产生的·OH 在与有机污染物接触前发生湮灭,导致 H_2O_2 利用率较低,可以采用活性炭协同 Fenton 试剂处理,活性炭可将有机物吸附在表面,促使 Fenton 试剂易于和有机物发生反应。

1.3.2　臭氧氧化法

臭氧是一种常见的氧化剂,标准状态下臭氧具有较高的氧化电位(2.07 V)。臭氧在一定的条件下,可分解产生比自身更强的氧化性物质,如·OH 等,能够氧化土壤和地下水中的大部分有机污染物(刘仲明等,2021)。臭氧氧化法降解有机污染物具有速度快、反应条件温和及不产生二次污染的优点,在水处理中应用广泛(张彭义和祝万鹏,1995)。臭氧降解有机污染物有两种形式,第一是臭氧直接氧化有机污染物;第二是通过形成的羟基自由基氧化有机污染物。通常臭氧与有机污染物的反应具有选择性,而且往往不能将有机物彻底矿化为 CO_2 和 H_2O。有机污染物被臭氧氧化后的产物一般为小分子羧酸类有机物。此外,臭氧的化学性质极不稳定,氧化分解速率和降解污染物速率较快。在有机污染物处理中,臭氧氧化通常不作为一个单独的处理单元,而是会加入一些强化或辅助手段,如光催化臭氧氧化、碱催化臭氧氧化及多相催化臭氧氧化等。

上述改进方法中,多相催化臭氧氧化法应用较广。其使用的催化剂主要包括过渡金属氧化物、氢氧化物和活性炭等。其中,由于活性炭价格低、吸附性强、催化活性高且稳定性好,被广泛应用于催化臭氧氧化的高级氧化体系中。此外,臭氧氧化与其他技术联用也是研究的重点,如臭氧与超声波法联用等。由于臭氧在水中的溶解度较低,如何更有效地把臭氧溶于水或应用于其他环境介质已成为该技术研究的热点。

1.3.3　电化学催化氧化法

电化学催化氧化技术是利用电化学对难以降解的有机污染物进行直接氧化降

解的过程，或者电解过程中在电极周围产生强氧化性中间产物(如自由基等)对有机污染物等进行间接氧化降解的技术。该技术起源于20世纪40年代，具有污染物降解效率高、能量需求简单、易于自动化操作及应用方式灵活多变等优点。电化学催化氧化法既可用于前处理难降解有机污染物从而提高其可生物降解性能，又可以用于难降解有机污染物的深度降解技术。在特定的pH、反应温度和电流密度条件下，有机污染物在电化学催化氧化体系中几乎可以得到完全降解(鲍元旭等，2016)。

传统生物法和物化法对高浓度、难降解的有机污染物失去了优势，而化学氧化法又因相对高昂的费用阻碍了其广泛推广应用，因此，电化学催化氧化法越来越受到人们的重视和青睐。随着电化学催化氧化技术的发展，其自身存在的一些问题也逐渐引起了人们的重视，如电耗高、电极材料多为贵重金属、处理成本较高及存在阳极腐蚀现象等。此外，电化学催化氧化技术推广应用的微观动力学和热力学研究及数据尚不完善，其在污染场地土壤和地下水污染修复方面应用案例报道较少。

1.3.4　湿式氧化技术

湿式氧化又称湿式燃烧技术，是处理高浓度有机污染废水的一种较为有效的方法(杨民等，2002)。湿式氧化技术的基本原理是在高温高压的条件下通入空气，使有机污染物被产生的氧化性物质所氧化。按处理技术过程有无催化剂，可将湿式氧化技术分为湿式空气氧化和湿式空气催化氧化两类。

1. 湿式空气氧化法

最早研发湿式空气氧化(wet air oxidation，WAO)法并实现工业化应用的是美国的Zimpro公司，该公司已将WAO技术应用于烯烃生产中的废洗涤液、丙烯腈生产废水及农药生产产生的废水等有毒有害工业废水处理。湿式空气氧化法是使用纯氧或空气作为氧化剂，在高温($125\sim320$℃)和压力($0.5\sim20$ MPa)下对有机物或可氧化无机组分进行液相氧化。湿式空气氧化法是一种经济、技术上可行的废水处理高级氧化工艺，适用于有毒和有机含量高的废水，在染料废水处理中得到了广泛的研究和应用(Jie and George，2014)。

湿式空气氧化法降解有机污染物的主要影响参数包括反应温度、反应压力、空气流量、溶液pH等，工程应用中需针对以上影响因素进行工艺条件的优化。与臭氧氧化和过氧化氢氧化等使用有害且昂贵的氧化剂的其他高级氧化技术相比，湿式空气氧化法是一种环保的工艺，不会产生NO_x、SO_2、HCl、二噁英、呋喃、飞灰等。然而，它也有一定的局限性，如要求反应器耐高温高压和耐腐蚀性(反应过程中形成羧酸中间体，pH较低)，故设备费用较高(Sushma et al.，2018)。此外，该技术运转条件苛刻，因而，配合使用催化剂从而降低反应温度、压力或缩短反应时间的湿式空气催化氧化法近年来更是受到广泛重视与应用。

2. 湿式空气催化氧化法

湿式空气催化氧化(catalytic wet air oxidation，CWAO)法是在传统的湿式氧化处理工艺中加入合适的催化剂，使氧化反应在更温和的反应条件下和更短的反应时间内完成。在湿式空气催化氧化法工艺中，使用空气/氧气在催化剂表面将大分子量有机化合物部分氧化为低分子量有机化合物，或完全氧化为二氧化碳和水，适用于降解工业废水中有毒有机化合物。与常规湿式空气氧化法工艺相比，湿式空气催化氧化法工艺效率高、反应条件温和、有机化合物的氧化程度更高，因此运行成本更低(Sushma et al.，2018)。

湿式空气催化氧化法中催化剂是工艺的核心，催化剂分为均相型和非均相型，均相催化剂的循环利用和非均相催化剂的稳定性是人们主要关注的问题。用于处理工业废水的催化剂表面应有足够多的活性位点，并能在腐蚀性环境中保持性能稳定(Levec and Pintar，2007)，在多次运行后机械强度和稳定性较高，确保达到有效降解污染物的目的(Matatov-Meytal and Sheintuch，1998)。

湿式空气催化氧化法是一种环保工艺，在处理废水的应用和研究中发展空间广阔。由于在工程应用中影响因素较多，诸如浓度梯度、扩散速度、反应速率等，工程化的效果是后续湿式氧化的研究方向和重点(李俊等，2021)。

1.3.5 超临界水氧化技术

超临界水氧化技术是湿式空气氧化技术的强化和改进，是利用超临界水的特殊性质将常态下的多相物质溶解在超临界水中形成均一相进行反应，从而实现有机污染物处理的一种高级氧化技术(张拓等，2016)。

超临界水氧化技术利用水的独特性质，水在超临界状态下，其介电常数减小至类似于有机物与气体，从而使有机污染物和气体完全溶于水中；此时，两相界面消失而形成均相的氧化体系。该体系消除了湿式氧化反应中存在的相间传质阻力，可大幅提高反应速率。此外，在均相体系中高活性的氧化态自由基活性更高，氧化能力也随之增强。超临界水是有机污染物和氧气的良好溶剂，在富氧超临界水中，有机污染物可进行均相氧化。在400~600℃的反应条件下，有机污染物的结构可在几秒内被破坏，有机污染物可以被降解得很彻底，并最终转化为CO_2和H_2O。随着超临界水氧化技术的发展，在催化剂作用下的催化超临界水氧化技术降解有机污染物时具有更强的降解能力，所需的反应温度与压力也较低。催化超临界水氧化技术中常用的催化剂有TiO_2、MnO_2、CeO_2、CuO和Al_2O_3等。

国内外许多学者对超临界水氧化处理苯系物、酚类等有机化合物污染的生活污泥和工业废水等做了大量研究，难降解有机物可快速分解为二氧化碳和水，其化学需氧量(COD)去除率通常大于 95%。废水在超临界水氧化处理后无须其他特殊处理，就能满足国家相关排放标准。因此，超临界水氧化技术越来越受到人们的关注。目前，常用的超临界水氧化技术催化剂大多是基于湿式催化氧化工艺的催化剂，如何通过设计合成催化剂来降低反应的温度和压力或缩短反应时间是该技术的研究热点。此外，超临界水氧化技术处理装置长时间运行后会发生金属腐蚀和盐沉积，这将严重影响超临界水氧化反应的进行，并增加了污染物处理成本。这也是工业化应用急需解决的又一问题。

1.3.6　光催化氧化技术

光催化氧化技术是在光化学氧化技术的基础上发展起来的，光催化时代的开始以 1972 年 Fujishima 和 Honda 发现 TiO_2 单晶电极可以分解水为标志(Fujishima and Honda, 1972)。自 1976 年 Carey 等首先采用 TiO_2 光催化降解多氯联苯(Carey et al., 1976)以来，以 TiO_2 为催化剂的光催化氧化降解有机污染物这一方向就成了光催化氧化技术的研究热点。光催化氧化技术使用的催化剂有 TiO_2、ZnO、WO_3、SnO_2、Fe_3O_4、CdS 和 ZnS 等。已有的研究表明，TiO_2 光催化对有机污染物具有很强的处理能力，在污水处理领域已有较为广泛的应用。

TiO_2 光催化技术降解有机污染物一般包括 4 个步骤：①光催化剂 TiO_2 吸收太阳光能，当吸收的能量大于带隙能量时，位于价带(VB)上的电子(e^-)被激发跃迁到导带(CB)位置，使 VB 产生价带空穴(h^+)；②具有强氧化能力的空穴(h^+)和具有还原能力的电子(e^-)从 TiO_2 内部迁移到表面，此时，在催化剂内部和表面会有一部分的 h^+ 和 e^- 发生复合；③未被复合的光生电子和空穴对则分别将吸附在 TiO_2 表面的氧气和水分子还原和氧化为超氧自由基•O_2^- 和 •OH 等氧化活性物种；④在氧化活性物种的作用下，吸附在 TiO_2 表面的有机污染物被降解为小分子物质，并最终矿化为 CO_2 和 H_2O(陶虎春等，2021)。

光催化氧化技术是在紫外线或可见光作用下使有机污染物逐级氧化降解的反应过程。作为一种高级氧化技术，光催化氧化可利用清洁无污染的太阳能资源进行有机污染物的降解。自然环境中的部分近紫外线容易被有机污染物吸收，在氧化活性物种存在时即发生迅速的光化学反应，从而实现有机污染物的降解。但由于反应条件所限，光催化氧化对污染物的降解往往不彻底，易产生多种芳香族有机化合物中间体，这成为光催化氧化技术需要克服的问题。此外，由于当前的光催化氧化技术并不能满足现实中大量的有机污染物废水或土壤的快速有效处理的要求，并且光生电子与空穴的快速复合、光催化剂自身性质的不稳定性，都限制着光催化氧化技术的发展(张洪雨等，2021)。

虽然光催化氧化技术有其自身的缺点，但由于光催化氧化技术的设备结构相对简单、反应条件较为温和、操作条件容易控制、产生的氧化性活性物种氧化能力强，且无二次污染，加之光催化剂 TiO_2 化学稳定性高，价格低廉，故 TiO_2 光催化氧化技术是具有广泛应用方向的新型有机污染物修复技术。

1.3.7 超声波氧化法

超声波通常指频率大于 20 kHz 的声波。声化学的发展及其在水及废水处理中的应用越来越受到人们关注。超声波氧化的动力来源是"声空化"，表现为溶液中空化气泡的形成、生长和崩溃三个阶段（周丽君等，2011）。第一阶段为空化泡成核形成阶段，在这一阶段，存在于液体悬浮颗粒上的小裂隙中的微小气泡产生空化核。第二阶段为空化气泡的生长阶段，当外界有高强度超声波时，由于惯性效应，空化泡快速生长；当外界的超声波强度较低时，空化泡的生长速率相对较慢，并且在扩散之前会持续声学循环。第三阶段为空化泡崩溃阶段，此时空化泡已经不能有效地从它周围的超声环境中吸收能量来维持自身的稳定和存在，最终空化泡会崩溃。空化泡崩溃瞬间，将有温度超过 5000 K、气压超过 500 atm[①]的能量释放出来，形成局部高温高压环境，并产生速率为 110 m/s 的强冲击微射流。

非极性、易挥发的有机污染物在超声波体系中降解效果显著且降解速率快，这是因为这类有机污染物可在空化气泡内直接燃烧或分解，而极性、难挥发有机污染物（如苯酚和硝基酚等）降解速率较慢，超声不仅能使这些污染物脱氯、脱硝基，而且可以使苯环发生断裂（李建洲等，2015）。上述污染物的降解主要是在空化效应作用下，通过高温分解或自由基反应两种方式进行。在超声波空化产生的局部高温、高压环境下，水被分解并产生·OH。另外，溶解在溶液中的 N_2 和 O_2 也可以发生自由基反应而产生氮自由基（N·）和氧自由基（O·），这些自由基也可以引发和参与有机污染物的氧化还原反应。

超声波氧化法采用的设备一般是磁电式或压电式超声波换能器，通过电磁换能而产生超声波。目前使用较多的是辐射板式超声波仪、探头式及近常压（near-ambient pressure, NAP）反应器等。超声波氧化反应条件温和，超声易于获得，氧化反应通常在常温下进行，对设备要求低，是应用前景较广的氧化技术之一。

1.3.8 过硫酸盐氧化技术

过硫酸盐是一类氧化性较强的氧化剂，标准氧化还原电位为 $E^0 = +2.01$ V（vs. NHE[②]）。1878 年，法国科学家 Marcelin Berthelot（Kolthoff and Miller, 1951）通过电解硫酸盐制备了过硫酸盐并开始作为干洗漂白剂使用；后来过硫酸盐用于聚四氟

---

① atm 为标准大气压，非法定，1 atm=$1.01325×10^5$ Pa。
② NHE 指标准氢电极。

乙烯、聚氯乙烯、聚苯乙烯和氯丁橡胶等有机合成中单体聚合的引发剂和光催化中电子和空穴复合的抑制剂等(杨世迎等, 2008)。过硫酸盐在水中电离产生 $S_2O_8^{2-}$，在一定的活化作用下，过硫酸盐离子中的—O—O—键能够断裂(即活化)产生氧化能力更强的 $SO_4^-\cdot$ ($E^0 = 2.5\sim3.1$ V)。

具有产生 $SO_4^-\cdot$ 的前驱物有: Oxone(过一硫酸盐, $2KHSO_5 \cdot KHSO_4 \cdot K_2SO_4$, PMS)和过二硫酸盐($S_2O_8^{2-}$, PDS)。其中由于 $Na_2S_2O_8$ 溶解度更高，研究和应用得更多。尽管 PDS/PMS 本身即是一种强氧化剂，但它们与普通污染物的反应相对较慢。其与 H_2O_2 具有类似性质，可通过活化产生 $SO_4^-\cdot$。一般的活化方式有过渡金属活化、紫外活化、热活化、超声活化、炭材料和碱活化等。在过硫酸盐氧化技术的研究中，活化或催化方法与材料也一直是研究重点和热点。

1.4　高级氧化技术场地应用概况

美国超级基金提及的大多数场地均发生了地下水污染。在超级基金修复的 1498 个场地中，1251 个场地(占总场地数的 84%)涉及地下水修复问题，如图 1-1 所示(EPA, 2020)。美国国家环境保护局分析了针对超级基金场地的修复措施类型，发现地下水是最常见的处理介质，其次是土壤介质，沉积物和固体废物也经常遇到，详细的处理介质情况如图 1-2 所示。在选择的 1498 个修复场地中，85% 的场地修复涉及不止一种介质，总计 1093 个场地同时修复了源介质和地下水。

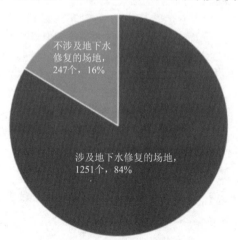

图 1-1　1981～2017 年美国超级基金场地修复情况

美国超级基金总结了 1982～2017 年共 2541 个场地地下水修复技术选择趋势的所占比例，如图 1-3 所示。可以明显地看到原位处理技术所占比例呈显著上升趋势，从 1982 年比例几乎为零增长到 2017 年的 53%，而传统的抽出处理技术所

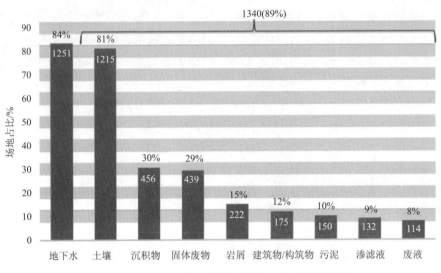

图 1-2　1981～2017 年美国超级基金处理介质情况

占比例从接近 100%减少到 2017 年的 19%。原位处理技术和抽出处理技术的选择与 2012～2014 年的比重基本维持一致。在 2015～2017 年的地下水决策文件中，原位处理的选择维持在平均 51%的水平；抽出处理技术的选择维持在较低的水平，从 2015～2017 年的 21%降至平均 19%的水平。

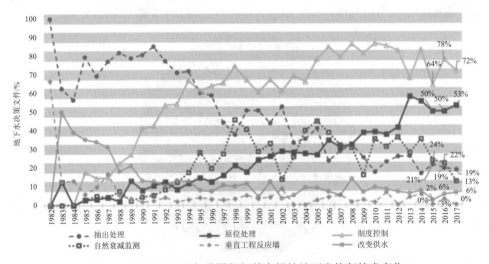

图 1-3　1982～2017 年美国超级基金场地地下水修复技术变化

　　根据 2015～2017 年超级基金对其 110 个修复场地的统计数据，发现选择原位修复技术的场地占比超过 50%(56 个场地)，其中原位修复中以生物处理所占比例最高，占比超过半数(30 个场地)，其次为原位化学处理(26 个场地)，五分之一的地下水修复决策文件选择自然衰减监测技术。在原位化学处理的场地中，原位化学氧化所应用的场地最多，如表 1-2 所示。

表 1-2　2015～2017 年超级基金场地地下水修复采用技术

地下水修复技术	使用数量	占比/%
异位修复(抽出处理)	22	20
原位处理	56	51
生物处理	30	27
化学处理	26	24
原位化学氧化	19	17
原位化学还原	8	7
原位中和	1	1
热处理	6	5
可渗透反应墙	5	5
多相抽提	4	4
曝气	3	3
固化稳定化	2	2
电动法	2	2
Flushing	1	1
植物修复	1	1
气相抽提	1	1
其他原位处理	3	3
监测自然衰减	22	20
污染物(垂直工程墙)	1	1
制度控制	78	71
改变供水	5	5

作为原位化学氧化最主要的技术(除高锰酸钾外,其余化学氧化修复方法均属于高级氧化技术),高级氧化技术是指将化学氧化剂及催化剂施加到土壤或含水层介质中，通过产生的自由基将土壤和地下水中的污染物降解为小分子、低危害物质，或转化为无机碳的过程。高级氧化法于 1990 年起开始用于实际场地修复，其中高级氧化技术最初使用最多的商业试剂为 Fenton 试剂。随着时间的推移，在 Fenton 试剂的基础上发展了一系列催化 H_2O_2 的方法，现在通常称之为催化过氧化氢法，简称 CHP(catalyzed hydrogen peroxide)。在整个 20 世纪 90 年代，由于该方法成本低和降解污染物范围广而得到了最广泛的使用。虽然该方法目前仍用于某些特殊的场地中，但已远不如前。这主要是由于：①H_2O_2 在地下的快速分解，

使其修复区域有限；②反应放热且产生大量氧气，增加了安全隐患。

除 CHP 方法外，基于过碳酸钠的氧化修复方法也已得到广泛使用。该特殊的化学反应结合了可溶性的过碳酸盐和专有的催化体系，对环境中存在的各种污染物表现出显著的降解能力。在该技术广泛研究与应用之前，研究者认为大量存在的碳酸盐会消耗体系的自由基，从而无法达到降解污染物的目的，但是大量的研究和修复案例表明该体系活性氧物质为超氧自由基，因而碳酸盐的影响很小。

除上述修复试剂外，过硫酸盐(包括过二硫酸盐和过一硫酸盐)也是土壤和地下水修复的理想选择。商业使用的过二硫酸盐有三种，分别为钠盐、铵盐和钾盐，其中钾盐的低溶解度及铵盐在使用过程中产生的氨气限制了它们在场地修复中的应用，而钠盐具有高的溶解度和稳定性，是实际修复时较为理想的选择。过一硫酸盐的商业产品是 Oxone，是一种混合物，组成式为 $2KHSO_5 \cdot KHSO_4 \cdot K_2SO_4$。过硫酸盐可直接氧化场地中的污染物，也可通过活化后产生的硫酸根自由基对污染物进行降解，直接氧化的反应速率较为缓慢。虽然活化方法众多，但已广泛用于实际场地修复的主要为碱活化、热活化、过氧化氢活化和过渡金属铁活化。

此外，臭氧也是应用较多的氧化剂之一，与上述固体或液体氧化剂不同，臭氧是以气态形式与氧气混合注入地下。使用臭氧的优势在于除了其本身可实现对污染物的氧化降解外，还可促进部分有机污染物的挥发及好氧生物的降解，而且其反应的副产物只有氧气，不会带来二次污染。但是，以气体形式注入的氧化剂，其气泡通常不会沿着注入井径向均匀分布，而是形成优先通道，大部分气体在优先通道中迁移，因此存在修复死角。

高级氧化技术适用于污染源区或中高浓度污染物的降解，且对绝大多数有机污染物均具有较好的降解能力，因此在国内有机污染场地数量多、污染严重的背景下，该技术具有较好的应用与发展前景。但总体而言，我国土壤修复行业还处于起步阶段。统计数据表明，截至 2017 年，修复技术以异位修复为主，固化稳定化、化学处理和水泥窑焚烧技术应用次数最多，其中化学处理应用次数仅次于固化稳定化，与同期美国的修复技术相比多出 15 个百分点，如图 1-4 所示。但遗憾的是其中高级氧化技术的应用次数没有得到统计。

随着我国工业化和城市化进程的不断发展，土壤和地下水环境介质不断受到各种有毒污染物的侵害，严重威胁生态环境和人体健康，土壤和地下水污染修复需求越来越大。根据美国国家环境保护局的调查统计数据显示，近期场地修复案例中化学氧化技术约占 33%，成为目前发展最迅速的污染修复技术。相信随着高级氧化技术的不断发展进步，该技术作为一项有潜力的修复技术有望在我国得到快速发展及应用。

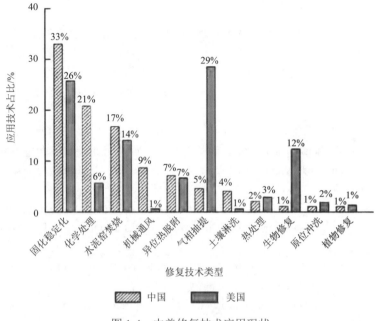

图 1-4　中美修复技术应用现状

参 考 文 献

鲍元旭, 袁瑞, 李余才, 等. 2016. 电化学氧化法处理含硫污水的研究进展. 现代化工, 36(2): 42-45.

胡俊生, 郭金彤. 2021. Fenton 高级氧化技术在印染废水处理上的研究进展. 环境工程, 9: 98-99.

李建洲, 石磊, 雷继雨. 2015. 超声波-生物接触氧化联用降解邻硝基氯苯. 环境科学与技术, 38(S2): 327-330.

李俊, 刘晓晶, 张哲, 等. 2021. 湿式空气催化氧化处理废碱液的研究进展. 应用化工, 50: 3161-3164.

刘仲明, 陈伟, 兴封伟, 等. 2021. 臭氧高级氧化技术在废水处理中的研究进展. 染料与染色, 4: 57-61.

陶虎春, 邓丽平, 张丽娟. 2021. 磁性 $CoFe_2O_4/g-C_3N_4$ 复合纳米材料对环丙沙星的光催化降解研究. 北京大学学报(自然科学版), 57(3): 587-594.

王锐, 刘宪华, 王勇, 等. 2022. Fenton 氧化处理难降解有机废水研究进展. 工业水处理, 5: 58-66.

吴晴, 刘金泉, 王凯, 等. 2015. 高级氧化技术在难降解工业废水中的研究进展. 水处理技术, 11: 25-29.

杨民, 王贤高, 杜鸿章, 等. 2002. 催化湿式氧化处理农药废水的研究. 工业水处理, 22: 35-36.

杨世迎, 陈友媛, 胥慧真, 等. 2008. 过硫酸盐活化高级氧化新技术. 化学进展, 20: 1433-1438.

张传君, 李泽琴, 程温莹, 等. 2005. Fenton 试剂的发展及在废水处理中的应用. 世界科技研究与发展, 27: 64-68.

张洪雨, 董静贤, 吴雪芹. 2021. PVP 改性 BiOI 光催化降解抗生素的研究. 现代化工, 41(8): 173-176.

张彭义, 祝万鹏. 1995. 臭氧水处理技术的进展. 环境科学进展, 3: 18-24.

张拓, 王树众, 任萌萌, 等. 2016. 超临界水氧化技术深度处理印染废水及污泥, 印染, 42(16): 43-45.

周丽君, 韩爱霞, 曹于平. 2011. 超声波技术在水处理中的研究进展, 2: 133-144.

Bishop D F, Stern G, Fleischman M, et al. 1968. Hydrogen peroxide catalytic oxidation of refractory organics in municipal wastewater. Industrial & Engineering Chemistry Process Design and Development, 7(1): 110-117.

Carey J H, Lawrence J, Tosine H M. 1976. Photodechlorination of PCB's in the presence of titanium dioxide in aqueous suspensions. Bulletin of Environment Contamination and Toxicology, 16(6): 697-701.

EPA. 2020. Superfund remedy report, 16th ed. EPA-542-R-20-001. Office of Land and Emergency Management, US Environmental Protection Agency.

Fenton H J H. 1894. Oxidation of tartaric acid in presence of iron. Journal of the Chemical Society, 65: 899-906.

Fujishima A, Honda K. 1972. Electrochemical photolysis of water at a semiconductor electrode. Nature, 238(5358): 37-38.

Glaze W H, Kang J W, Chapin D H. 1987. The chemistry of water treatment processes involving ozone, hydrogen peroxide and ultraviolet radiation. Ozone-Science & Engineering, 9: 335-352.

Guedes A, Madeira L, Boaventura R, et al. 2003. Fenton oxidation of cork cooking wastewater-overall kinetic analysis. Water Research, 37: 3061-3069.

Hori H, Yamamoto A, Hayakawa E, et al. 2005. Efficient decomposition of environmentally persistent perfluorocarboxylic acids by use of persulfate as a photochemical oxidant. Environmental Science & Technology, 3: 2383-2388.

Jie F, George Z K. 2014. Wet air oxidation for the decolorization of dye wastewater: An overview of the last two decades. Chinese Journal of Catalysis, 35: 1-7.

Kolthoff I M, Miller I K. 1951. The chemistry of persulfate. I. The kinetics and mechanism of the decomposition of the persulfate ion in aqueous medium. Journal of American Chemical Society, 73: 3055-3059.

Levec J, Pintar A. 2007. Catalytic wet-air oxidation processes: A review. Catalysis Today, 124: 172-184.

Matatov-Meytal Y, Sheintuch M. 1998. Catalytic abatement of water pollutants. Industrial & Engineering Chemistry Research, 37: 309-326.

Rastogi A, Al-Abed S R, Dionysiou D D. 2009. Sulfate radical-based ferrous-peroxymonosulfate oxidative system for PCBs degradation in aqueous and sediment systems. Applied Catalysis B: Environmental, 85: 171-179.

Sushma, Kumari M, Saroha A K. 2018. Performance of various catalysts on treatment of refractory pollutants in T industrial wastewater by catalytic wet air oxidation: A review. Journal of Environmental Management, 228: 169-188.

Yang Q, Choi H, Chen Y, et al. 2008. Heterogeneous activation of peroxymonosulfate by supported cobalt catalysts for the degradation of 2, 4-dichlorophenol in water: The effect of support, cobalt precursor, and UV radiation. Applied Catalysis B: Environmental, 77: 300-307.

第 2 章　高级氧化技术修复机理

高级氧化技术的有效应用须建立在对其修复机理全面了解的基础上。高级氧化技术涉及的氧化剂、目标污染物和应用场景等皆有不同，为便于高级氧化技术在污染场地修复中的高效应用，本章着重描述基于过氧化物、过硫酸盐和臭氧的高级氧化技术分类和发展沿革，重点讨论该三类高级氧化技术活化体系的构建方法及作用机制、活性氧物质的性质及其定性定量方法，最终针对不同种类的场地常见污染物，总结相关活性氧物质对污染物的去除机理。

2.1　高级氧化技术分类

高级氧化技术的核心是高效产生降解污染物所需的强氧化活性物质，主要包括羟基自由基($\cdot$OH)、硫酸根自由基($SO_4^-\cdot$)、超氧自由基($\cdot O_2^-$)、氢过氧自由基($HO_2\cdot$)等自由基物质，以及单线态氧($^1O_2$)、过氧化物、高价金属等非自由基物质，以高效去除常规技术难以处理的高毒性难降解污染物。按照所用氧化剂的类别，常用于污染场地修复应用的高级氧化技术主要分为以下几类：基于过氧化氢(H_2O_2)、过碳酸盐($2Na_2CO_3 \cdot 3H_2O_2$)和过氧化钙(CaO_2)等过氧化物的高级氧化技术，基于过二硫酸盐(PDS)和过一硫酸盐(PMS)的过硫酸盐高级氧化技术，以及基于臭氧(O_3)的高级氧化技术等。

2.1.1　基于过氧化物的高级氧化技术

基于过氧化物的高级氧化技术可追溯到 1894 年 H. J. Fenton 提出的 Fenton 反应，当时二价铁盐被发现可以活化 H_2O_2 氧化酒石酸，活化过程如式(2-1)所示。该过程无须特殊设备，在常温常压下即可进行，且反应产物环境友好。反应过程中产生的 $\cdot$OH 为强氧化性自由基(氧化电势 $E^0 = 2.8$ V $vs.$ NHE)，能够氧化大部分有机物和部分无机物。此后，学术界将 H_2O_2 和 Fe^{2+} 的混合物称为 Fenton 试剂。Fenton 过程涉及众多链式反应，如式(2-1)~式(2-10)所示。Fenton 体系最先运用于污水处理领域，H_2O_2 分解产物为水和氧气，不产生二次污染，且反应后 Fe^{3+} 沉淀，有利于污水的絮凝沉淀处理，因此其在场地污染土壤和地下水修复领域具有广阔的应用前景。

$$Fe^{2+} + H_2O_2 \longrightarrow Fe^{3+} + OH^- + \cdot OH \tag{2-1}$$

$$Fe^{2+} + H_2O + H^+ \longrightarrow Fe^{3+} + H_2O + \bullet OH \tag{2-2}$$

$$Fe^{3+} + H_2O_2 \longrightarrow Fe^{2+} + HO_2\bullet + H^+ \tag{2-3}$$

$$Fe^{3+} + HO_2\bullet \longrightarrow Fe^{2+} + O_2 + H^+ \tag{2-4}$$

$$Fe^{3+} + \bullet O_2^- \longrightarrow Fe^{2+} + O_2 \tag{2-5}$$

$$Fe^{2+} + H_2O_2 \longrightarrow FeOOH^+ + H^+ \tag{2-6}$$

$$FeOOH^+ + H^+ \longrightarrow Fe(H_2O_2)^{2+} \tag{2-7}$$

$$Fe^{2+} + H_2O_2 \longrightarrow Fe(H_2O_2)^{2+} \tag{2-8}$$

$$Fe(H_2O_2)^{2+} \longrightarrow Fe^{3+} + \bullet OH + OH^- \tag{2-9}$$

$$Fe(H_2O_2)^{2+} \longrightarrow FeO^{2+} + H_2O \tag{2-10}$$

尽管传统 Fenton 反应能氧化绝大多数有机污染物，但 Fenton 高级氧化体系在场地修复领域的应用仍然存在一些缺陷：①pH 操作范围较窄。Fenton 反应在 pH 2.0～6.0 的范围内反应速率较高，最佳效率在 pH 范围为 2.5～3.0，此时产生 $\bullet$OH 的速率最快。当 pH > 6.0 时，Fe^{2+} 主要以 $Fe(OH)_2$ 的形式存在且易被氧化成 $Fe(OH)_3$ 导致聚集并沉淀，催化活性大大降低。②Fenton 反应完成之后，由于 Fe^{2+} 氧化成 Fe^{3+} 易形成沉淀泥浆（Fe^{3+} 完全沉淀，pH 约为 3.7），在土壤地下水污染修复过程中对含水层造成堵塞并降低其渗透系数，从而影响后续阶段的修复效率。③H_2O_2 的稳定性差，易分解，液体性状使其不易存储、运输，且成本较高。

针对 H_2O_2 成本高且不易存储、运输的问题，有研究提出以固相过碳酸钠（$2Na_2CO_3\bullet 3H_2O_2$，SPC）和过氧化钙（CaO_2，CP）作为 H_2O_2 的替代源。SPC 在常温下呈无毒的固体或晶体状，相比 H_2O_2 更易储存、运输和使用。有报道 H_2O_2 的商业价格为每吨 1000～1200 美元，而 SPC 的价格为每吨 300～350 美元，SPC 的价格远低于 H_2O_2（Liu et al., 2021b）。SPC 在水中易溶解生成 H_2O_2 和 Na_2CO_3［式（2-11）］，H_2O_2 经过活化生成 $\bullet$OH、$HO_2\bullet$、$O_2^-\bullet$ 等自由基，同时存在的 CO_3^{2-} 易与 $\bullet$OH 反应形成反应活性较低的碳酸根自由基（$CO_3\bullet$）［式（2-12）］，这在一定程度上可能会降低活化 SPC 体系氧化去除污染物的效率，但是有研究表明 UV/SPC 体系中 $CO_3\bullet$ 的稳态浓度明显高于 $\bullet$OH，可抵消 CO_3^- 反应速率低的劣势，共同参与污染物的降解（Gao et al., 2020a）。因 CO_3^{2-} 的存在，SPC 高级氧化体系的 pH 适用范围常宽于传统的 Fenton 体系（Zhu et al., 2019）。并且有研究发现 SPC 高级氧化体系对水生生物的毒性影响要低于基于 H_2O_2 的高级氧化体系，这主要是因为 SPC 对水生生物的丁酸代谢和柠檬酸循环扰动较弱（Gao et al., 2021）。尽管如此，针对 SPC 高级氧化技术的研究和应用仍处于起步阶段。

$$2Na_2CO_3 \cdot 3H_2O_2 \longrightarrow 2Na_2CO_3 + 3H_2O_2 \tag{2-11}$$

$$CO_3^{2-} + \cdot OH \longrightarrow CO_3^- \cdot + OH^- \tag{2-12}$$

作为最稳定的无机过氧化物之一，CP 也常被认为是另一种多功能有效的 H_2O_2 固体来源。CP 与水反应易生成 O_2 或 H_2O_2 和 $Ca(OH)_2$，该类产物对环境影响较小，如式(2-13)和式(2-14)所示。CP 已作为释氧剂被广泛应用于污水、沉积物、土壤和地下水的生物修复领域，并且已形成商业化产品，如 Coo-Ox^{TM}、PermeOx$^®$ Ultra、Klozur$^®$ CR、PermeOx$^®$ Plus 和 IXPER$^®$ 等(Lu et al., 2017)。有研究表明，CP 向 H_2O_2 的转化与溶液 pH 和温度等条件密切相关(Wang et al., 2016a)，H_2O_2 的定向转化调控机制仍需深入探讨，并且基于 CP 的高级氧化技术的研究和应用也仍处于起步阶段。

$$CaO_2 + H_2O \longrightarrow 0.5O_2 + Ca(OH)_2 \tag{2-13}$$

$$CaO_2 + 2H_2O \longrightarrow H_2O_2 + Ca(OH)_2 \tag{2-14}$$

综上所述，SPC 和 CP 的高级氧化技术的本质仍是释放的 H_2O_2 被活化产生 $\cdot OH$ 等活性氧物质，因此通常情况下针对 H_2O_2 的活化方法和机理适用于 SPC 和 CP 反应体系。

2.1.2 基于过硫酸盐的高级氧化技术

过硫酸($H_2S_2O_8$)由法国科学家 Marcelin Berthelot 于 1878 年首次发现，主要通过硫酸盐电解反应生成(Kolthoff and Miller, 1951)。相应的过二硫酸盐(PDS)主要包括过硫酸钠、过硫酸钾和过硫酸铵，其中过硫酸钾溶解度很低而不适用于原位场地修复，并且过硫酸铵应用后的残留铵易引起二次污染，也不宜用于场地修复，相比之下过硫酸钠具有高溶解性、稳定等优势，在场地修复应用中潜力巨大。同时，因氧原子活性较强常以三元盐的形式存在的过一硫酸盐($2KHSO_5 \cdot KHSO_4 \cdot K_2SO_4$，PMS)也具有溶解度较大、稳定和易操作的优势，成为场地修复的另一种常用过硫酸盐。PDS 和 PMS 的分子结构如图 2-1 所示，主要性质和价格如表 2-1 所示。

与 H_2O_2 类似，尽管 PDS 和 PMS 本身即是一种强氧化剂，但它们与大多数有机污染物的直接反应速率相对较慢，仍需经过活化产生 $SO_4^- \cdot$ 等活性氧物质从而形成高级氧化体系，才能高效去除绝大部分有机污染物。因此，相应活化体系的研发也一直是过硫酸盐高级氧化技术的研究重点和热点。过硫酸盐的活化反应本质上为 PDS 或 PMS 的 O—O 键得到电子而断裂产生 $SO_4^- \cdot$ 等活性氧物质的过程。由表 2-1 可知，基于过硫酸盐的高级氧化技术比基于 H_2O_2 的高级氧化技术更具前景，

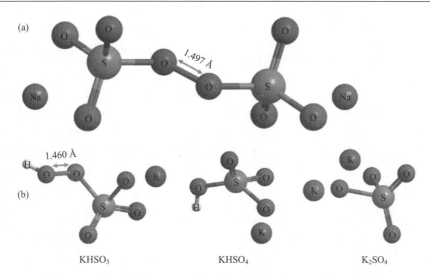

图 2-1　过二硫酸钠（PDS）（a）和过一硫酸钾（PMS）（b）的分子结构

表 2-1　场地修复应用中常见氧化剂的主要性质和价格

氧化剂	O—O 键解离能 /(kJ/mol)	水溶解度(25℃) /(g/L)	地下水中的平均 预估寿命	价格 /(美元/kg)	价格 /(美元/mol)
H_2O_2	213	混溶	数小时至数天	1.5	0.05
O_3	364	0.1	低于 1 h	2.3	0.11
PDS	92	730	超过 5 个月	0.74	0.18
PMS	377	298	数小时至数天	2.2	1.36

注：表中数据来自 Waclawek 等（2017）。

这主要是因为：①PDS 的 O—O 键解离能远低于 H_2O_2，表明 PDS 更易被活化；尽管 PMS 的 O—O 键解离能高于 H_2O_2，但活化 PMS 产生的 SO_4^-•的活性和选择性要强于活化 H_2O_2 产生的•OH；②PDS 或 PMS 更稳定及更易储存、运输和操作，在地下水中的平均寿命也更长。但从氧化剂价格成本角度看，PDS 或 PMS 的大规模应用成本高于 H_2O_2。相比 PMS，PDS 的水溶解度更高、地下水中的可持续时间更长且成本更低，在实际场地修复应用中更具优势。

2.1.3　基于臭氧的高级氧化技术

臭氧(O_3)由德国科学家 Schönbein 在 1840 年首次发现。起初，臭氧、氯和紫外线均用于饮用水消毒，但以氯消毒为主。到 20 世纪 70 年代，研究发现氯对人体有毒且会产生次氯酸副产物，使得臭氧消毒逐渐受到重视。此后，臭氧在饮用水净化和污水处理中的应用才逐渐展开，并在当今社会水污染和土壤污染的治理中也开始发挥一定的作用。臭氧具有较高的氧化性,在酸性条件下 $E^0 = 2.07\text{ V}$ (vs. NHE),是除自由基外仅次于氟的单质氧化剂,且臭氧的溶解度是氧气的 13 倍,这有利于其与水中污染物的相互作用。

研究表明,多种有机污染物可在臭氧氧化过程中得到有效降解,如有机氯农药(艾氏剂、滴滴涕、狄氏剂、异狄氏剂、三氯杀螨醇、氯丹、七氯)、有机磷农药(毒死蜱)、三嗪(莠去津、西玛津、特丁津)、苯脲(敌草隆、异丙肾上腺素)、二硝基苯胺(氟尿嘧啶)等。臭氧单质同时具有特殊的偶极结构以及亲电和亲核性能,是一种选择性氧化剂,它会优先攻击有机污染物分子中的单芳香环、不饱和键等富含电子部位,进而发生加成反应、亲电反应和亲核反应,但其对于一些饱和烃和多环芳烃类有机物几乎不起作用。在臭氧氧化去除污染物过程中主要存在两种途径:①污染物与 O_3 直接反应;②污染物与 O_3 经反应生成的•OH 间接反应。O_3 单质直接氧化反应的主要缺点是污染物的矿化程度较低,甚至可能生成有毒中间产物,且 O_3 的溶解度有限,易造成资源浪费。而 O_3 可通过复杂的链式反应(表 2-2)分解成•OH,形成基于 O_3 的高级氧化体系,且•OH 具有比 O_3 更强的反应活性,相应污染物的去除效率更高。因此,基于 O_3 的高级氧化技术是近年研究的热点,研究核心为构建如催化臭氧化技术、紫外线(UV)光解臭氧技术和过臭氧化技术(即 O_3 耦合 H_2O_2)等高级氧化活化体系,实现由 O_3 到•OH 的快速转变。

表 2-2　臭氧分解的链式反应

反应段	反应式	速率常数/[L/(mol·s)]
链引发	$O_3 + H_2O \longrightarrow 2\bullet OH + O_2$	1.1×10^{-4}
	$O_3 + OH^- \longrightarrow HO_2 \bullet + \bullet O_2^-$	70
	$HO_2 \bullet \longleftrightarrow \bullet O_2^- + H^+$	7.9×10^5
链增长	$O_3 + \bullet O_2^- \longrightarrow \bullet O_3^- + O_2$	1.6×10^9
	$\bullet O_3^- + H^+ \longleftrightarrow HO_3 \bullet$	正: 5.2×10^{10} 逆: 3.3×10^2
	$HO_3 \bullet \longrightarrow \bullet OH + O_2$	1.4×10^5
	$2HO_3 \bullet + O_2 \longrightarrow 2HO_4 \bullet$	3.0×10^9
	$HO_4 \bullet \longrightarrow HO_2 \bullet + O_2$	2.8×10^4
链终止	$2HO_4 \bullet \longrightarrow H_2O_2 + 2O_3$	5.0×10^9
	$HO_4 \bullet + HO_3 \bullet \longrightarrow H_2O_2 + O_3 + O_2$	5.0×10^9

2.2　高级氧化技术活化体系

2.2.1　活性氧物质种类

高级氧化技术中产生的活性氧(ROS)物质主要包括•OH、SO_4^-•和•O_2^-等自由基和 $^1O_2$ 等非自由基,不同 ROS 具有各自的优缺点,这就决定了其应用范围。如表 1-1 所示,•OH 和 SO_4^-•相比其他 ROS 具有更强的氧化能力,可高效降解大部分有机污染物。通常情况下相比于•OH 而言,SO_4^-•具有以下优点:①SO_4^-•具有与•OH 相近甚至更大的氧化活性;②SO_4^-•通过电子转移可与带不饱和键或芳香 π 电子的化合物发生更高效更有选择性的反应,而•OH 通过氢取代或亲电加成过程可与污染场地中更广范围的化合物发生快速反应,降低了其对目标化合物的反应效率;③SO_4^-•的 pH 适用范围更广(pH 2.0~8.0),而•OH 反应的最佳 pH 在 3.0 左右;④SO_4^-•的半衰期要远远大于•OH(30~40 μs *vs.* <1 μs)。因此,基于 SO_4^-•的高级氧化技术近年来得到广泛关注,但是基于活化 PDS 或 PMS 产生 SO_4^-•的反应体系中常产生大量的 SO_4^{2-},其环境风险也需得到关注,而目前相关研究仍很缺乏。

与此同时,•OH 和 SO_4^-•易受地下水环境中的 Cl^-、HCO_3^-、HPO_3^{2-}、$H_2PO_3^-$ 等无机盐离子和有机质的影响,使其对目标污染物的选择性去除效率大幅降低。相比之下,$^1O_2$ 仅与富含电子的有机物发生反应,不易与无机盐离子和有机质发生反应,近年来成为研究热点。

•OH 广泛存在于过氧化物、过硫酸盐和臭氧的高级氧化活化体系中,如 H_2O_2、PMS 和 O_3 在活化过程中得到过渡金属等催化材料传递的电子即可产生•OH,而 PDS 活化体系中还可通过 SO_4^-•与水或者氢氧根反应生成•OH[式(2-15)~式(2-20)]。SO_4^-•主要来源于 PMS 和 PDS 活化体系[式(2-17),式(2-18)],而高级氧化体系中•O_2^-的来源主要有三种:①H_2O_2、PDS 和 PMS 活化体系中 H_2O_2 传递电子给高价过渡金属产生 HO_2•并分解[式(2-21),式(2-22)];②PDS 水解[式(2-23),式(2-24)];③溶解氧得到电子[式(2-25)]。$^1O_2$ 常存在于过氧化氢和过硫酸盐活化体系中,主要通过 PMS 的自分解反应和•O_2^-的重组反应生成[式(2-26)~式(2-30)]。

$$H_2O_2 + e^- \longrightarrow \text{•OH} + OH^- \qquad (2\text{-}15)$$

$$HSO_5^- + e^- \longrightarrow \text{•OH} + SO_4^{2-} \qquad (2\text{-}16)$$

$$HSO_5^- + e^- \longrightarrow SO_4^-\text{•} + OH^- \qquad (2\text{-}17)$$

$$S_2O_8^- + 2e^- \longrightarrow SO_4^-\text{•} + SO_4^{2-} \qquad (2\text{-}18)$$

$$SO_4^-\text{•} + H_2O \longrightarrow \text{•OH} + SO_4^{2-} + H^+ \qquad (2\text{-}19)$$

$$SO_4^-\bullet + OH^- \longrightarrow \bullet OH + SO_4^{2-} \tag{2-20}$$

$$M^{(n+1)+} + H_2O_2 \longrightarrow M^{n+} + HO_2\bullet + H^+ \ (M \text{ 为过渡金属}) \tag{2-21}$$

$$HO_2\bullet \longrightarrow \bullet O_2^- + H^+ \tag{2-22}$$

$$S_2O_8^{2-} + 2H_2O \longrightarrow 2SO_4^{2-} + HO_2^- + 3H^+ \tag{2-23}$$

$$S_2O_8^{2-} + HO_2^- \longrightarrow SO_4^{2-} + SO_4^-\bullet + \bullet O_2^- + H^+ \tag{2-24}$$

$$O_2 + e^- \longrightarrow \bullet O_2^- \tag{2-25}$$

$$HSO_5^- \longrightarrow SO_5^{2-} + H^+ \tag{2-26}$$

$$HSO_5^- + SO_5^{2-} \longrightarrow HSO_4^- + SO_4^{2-} + {}^1O_2 \tag{2-27}$$

$$\bullet O_2^- + H_2O \longrightarrow HO_2\bullet + OH^- \tag{2-28}$$

$$\bullet O_2^- + HO_2\bullet \longrightarrow {}^1O_2 + HO_2^- \tag{2-29}$$

$$2HO_2\bullet \longrightarrow {}^1O_2 + H_2O_2 \tag{2-30}$$

由此可见，在高级氧化反应体系中，常存在多种 ROS，并且不同种类的 ROS 之间及与氢氧根和氢离子等会相互反应（相互反应速率常数如表 2-3 所示），使 ROS 的种类和浓度常呈现出动态变化的现象，而不同的 ROS 与不同污染物的反应机理和速率往往存在差异。为实现不同目标污染物的有效去除，需深入研究高级氧化技术中不同种类 ROS 的定向调控生成机制。

表 2-3　ROS 相互反应的速率常数

ROS	$\bullet OH$/[L/(mol·s)]	$SO_4^-\bullet$/[L/(mol·s)]	$HO_2\bullet/\bullet O_2^-$/[L/(mol·s)]
$\bullet OH$	$(4\sim6.2)\times10^9$	$(9.5\sim10)\times10^9$	$(6\sim10)\times10^9$
$SO_4^-\bullet$	$(9.5\sim10)\times10^9$	$(1.6\sim8.1)\times10^8$	3.5×10^9
$HO_2\bullet/\bullet O_2^-$	$(6\sim10)\times10^9$	3.5×10^9	$(8.3\sim20)\times10^5$
H_2O_2	$(2.7\sim5)\times10^7$	1.2×10^7	$<1.6\times10^1$
OH^-	$(1.2\sim1.3)\times10^7$	$(1.4\sim8.3)\times10^7$	2.2×10^8
H^+	—	—	$(4.8\sim7.2)\times10^{10}$

注：表中数据来自 Giannakis 等（2021）。

2.2.2　活性氧物质定性与定量方法

ROS 在高级氧化技术中起关键作用，因此发展具有高灵敏性和选择性的检测或定量 ROS 的方法对深刻理解 ROS 在高级氧化体系中的作用机理至关重要。目前缺乏 ROS 的直接定量鉴别方法，研究应用较多的是基于 ROS 淬灭反应和探针反应产物检测的间接鉴别方法。其中 ROS 淬灭反应为间接鉴别 ROS 种类的简便实用方法，得到广泛应用，常用淬灭剂为醇、对苯醌、L-组氨酸等，其所针对的 ROS 物质及反应速率常数如表 2-4 所示。在基于过硫酸盐的高级氧化体系中，$SO_4^-\bullet$ 和 $\bullet OH$ 常同时存在，此时需比较相同浓度的甲醇或乙醇与叔丁醇的淬灭效果以判别 $SO_4^-\bullet$ 和 $\bullet OH$ 的相对贡献。这是因为 $SO_4^-\bullet$ 与甲醇或乙醇的反应速率常数是其与叔丁醇的 100 倍左右，若加入相同浓度的甲醇或乙醇和叔丁醇，叔丁醇所导致的目标污染物去除率的降低程度远小于甲醇或乙醇体系的变化程度，则该反应体系中 $SO_4^-\bullet$ 占主导；而如果加入甲醇或乙醇和叔丁醇的体系中目标污染物去除率降低程度相当，则反应体系中 $\bullet OH$ 占主导，因为 $\bullet OH$ 与甲醇或乙醇的反应速率常数和其与叔丁醇的反应速率常数接近。为进一步得到高级氧化反应体系中 ROS 种类的直接证据，基于自由基捕获的电子顺磁共振 (EPR) 技术被广泛应用于 ROS 的鉴定，常用捕获剂有 5,5-二甲基-1-吡咯啉-N-氧化物 (DMPO) 和 2,2,6,6-四甲基哌啶 (TEMP)，分别用于捕获 $SO_4^-\bullet$、$\bullet OH$、$\bullet O_2^-$ 和 $^1O_2$。代表性的 DMPO 自由基加成物 EPR 模拟谱如图 2-2 所示；基于过硫酸盐的高级氧化体系中典型的 DMPO-OH 和 DMPO-SO$_4$ 加成物的 EPR 模拟谱如图 2-3 所示。$^1O_2$ 需用 TEMP 捕获，形成 2,2,6,6-四甲基哌啶氮氧自由基 TEMP-$^1O_2$，其 EPR 模拟谱如图 2-4 所示。

表 2-4　常用 ROS 淬灭剂及反应速率常数

淬灭剂	目标 ROS	反应速率常数//[L/(mol·s)]
甲醇	$SO_4^-\bullet$、$\bullet OH$	$kSO_4^-\bullet = 2.5 \times 10^7$
		$k\bullet OH = 9.7 \times 10^8$
乙醇	$SO_4^-\bullet$、$\bullet OH$	$kSO_4^-\bullet = (1.6 \sim 7.7) \times 10^7$
		$k\bullet OH = (1.2 \sim 2.8) \times 10^8$
叔丁醇	$SO_4^-\bullet$、$\bullet OH$	$kSO_4^-\bullet = (4.0 \sim 9.1) \times 10^5$
		$k\bullet OH = (3.8 \sim 7.6) \times 10^8$
对苯醌	$\bullet O_2^-$	$k\bullet O_2^- = (0.9 \sim 1.0) \times 10^9$
L-组氨酸	$^1O_2$	$k^1O_2 = 5.0 \times 10^7$

Fernández-Castro 等 (2015) 总结了高级氧化技术水处理过程中所产生 ROS (主要包括 $\bullet OH$、$\bullet O_2^-$、$HO_2\bullet$、$^1O_2$) 的定性或定量检测方法。这些间接方法的基本原理为选取可选择性与 ROS 反应的高敏感性化合物，然后测定探针物质的减少量或某种产物的增加量，主要分为以下几类：①UV/vis 吸光度探针法，检测减少的探针物质的吸光度或增加的产物吸光度；②荧光探针法，检测探针与 ROS 反应生成的具有在特征波长可激发的强荧光物质；③化学发光探针法，化学发光探针与 ROS 反应可产生化学发光产物，该产物可在没有外加激发的情况下

发光；④自旋捕获法，自旋捕获剂可与自由基的未成对电子反应；⑤电化学分析法，如循环伏安法、计时安培分析法、电化学探测法。电化学分析法原理为应用仪器记录的电化学信号与利用其他探针方法检测到的 ROS 之间的相关性，最终得到 ROS 浓度。

高级氧化体系中•OH 检测方法见表 2-5。总之，在选择•OH 的定量探针物质时需考虑以下几点：①探针对•OH 的选择性。已有研究中苯甲酸类物质、二甲基亚砜(DMSO)、苯酚、水杨酸(SA)、对苯二甲酸(TA)/苯二甲酸钠(NaTA)对•OH 表现出很好的选择性，而 DMPO 等则具有较差的选择性。②可定量产物的稳定性。DMPO、3-羧基氮氧自由基或苯酚表现出很差的稳定性。③探针试剂或产物是否可直接商业购买获取。DMSO、SA、苯甲酸(BA)、苯酚、香豆素等探针物质不

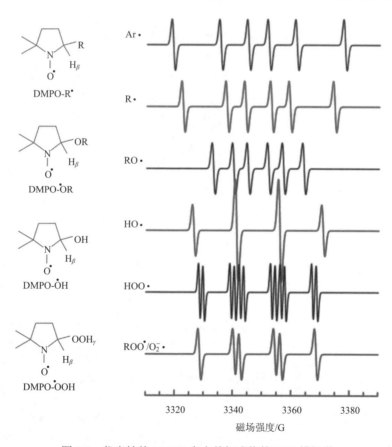

图 2-2　代表性的 DMPO 自由基加成物的 EPR 模拟谱

—Ar•，苯基、烯烃基等不饱和自由基；—R•，烷基自由基；—•OR，烃氧自由基；—•OH，羟基自由基；—•OOH，氢过氧自由基；—•OOR 和•O$_2^-$，烷过氧和超氧自由基；G 为磁感应强度单位，非法定，1G=10^{-4}T；图中数据来自 Long 等(2020)

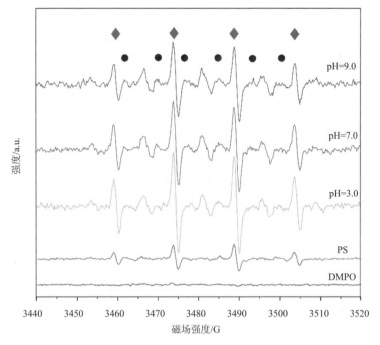

图 2-3　基于过硫酸盐的高级氧化体系中典型的 DMPO-OH 和
DMPO-SO$_4$ 加成物的 EPR 模拟谱

◆：DMPO-OH；●：DMPO-SO$_4$；图中数据来自 Ouyang 等（2017）

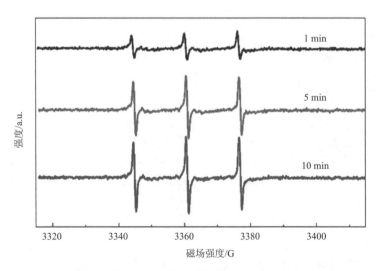

图 2-4　2,2,6,6-四甲基哌啶氮氧自由基 TEMP-^{1}O$_2$ 的 EPR 模拟谱

图中数据来自 Cheng 等（2017）

需要实验室制备，而基于 DMSO 的荧光检测试剂则需要实验室制备。④是否会产生多种定量产物，导致检测准确度降低。比如探针物质为 SA、苯甲酸、苯、苯酚等时，定量产物中通常会存在邻苯二酚和对苯二酚。⑤荧光分析时，是否会产生具有不同荧光强度的产物。⑥探针物质或定量产物是否会被•OH 等强氧化性物质进一步氧化。综上所述，基于 DMSO 的吸光度探针方法是一种相对可靠的•OH 定量方法，而且尽管 NaTA 具有较低水溶解度和 SA 会生成多种定量产物，但是这两种物质也能很好地满足•OH 的定量要求。

高级氧化体系中•O_2^-/HO$_2$•自由基检测方法见表 2-6，虽然鲁米诺(luminol)是定量•O_2^- 最常用的探针物质，但其他探针物质[如甲氧基西普林荧光素类似物(MCLA)、硝基蓝四氮唑(NBT)、2,3-双(2-甲氧基-4-硝基-5-磺苯基)-2H-四氮唑-5-甲酰苯胺(XTT)]很少受到 H_2O_2、金属和溶液中离子的影响，因此更方便应用并具有更好的结果。另外，研究发现•O_2^-/HO$_2$•在碱性条件下具有更高的稳定性，因此 pH 对检测具有较大影响。

高级氧化体系中 $^1O_2$ 的主要检测方法见表 2-7。有研究直接测定 $^1O_2$ 在 1270 nm 发出的荧光来定量浓度，但是有时荧光信号比较弱，可能不利于测定，因此更多的研究是专注于利用探针物质的间接测定方法。总之，现在研究中定量 $^1O_2$ 的大部分探针物质都需要实验室合成，不能商业购买，相比而言可通过商业渠道购买的单态氧荧光探针(SOSG)和糠醇(FFA)则具有更大的可行性，但仍需更多研究。

由上可知，已有研究中对 SO$_4^-$•的定量检测研究起步较晚，认识不足，需开展更多研究，以更好地理解基于过硫酸盐高级氧化技术在水处理或场地修复应用中的机理及影响因素。

2.2.3　基于过氧化物的活化体系

1. 均相活化体系

均相活化反应是指发生在溶液相中的 H_2O_2、SPC 和 CP 等过氧化物的活化反应。亚铁或三价铁离子活化为最常见和研究最广泛的均相活化过氧化物的方法，主要包含电、光、超声等物理辅助亚铁活化方式，以及基于 Co、Cu、Mn 等其他过渡金属离子的化学活化方式。

1)电辅助活化

在该反应过程中，首先加入少量 Fe^{2+} 盐，其与在阴极通过 O_2 还原产生的 H_2O_2 发生反应产生 Fe^{3+}，随后 Fe^{3+} 在阴极会被还原为 Fe^{2+}。通过 Fe^{3+}/Fe^{2+} 的循环使反应持续进行，如式(2-31)~式(2-34)所示。常用碳毡(carbon felt)和气体扩散电极

表 2-5　高级氧化体系中·OH 检测方法（化学探针法）

检测方法	探针	高级氧化体系	主要分析特征	优点	缺点
UV/vis 吸光度探针法（定量）	二甲基亚砜（DMSO）0.08~0.2 mmol/L	· Fenton 反应 · 光解 · 电化学氧化	· 利用高效液相色谱法（HPLC）测定 DMSO 与·OH 的反应产物甲醛与二硝基苯肼的衍生物（HCHO-DNPH）浓度（pH 4） · [·OH]: 0.08~0.2 mmol/L	· DMSO-·OH 的高选择性 · 较好的可重复性 · 操作简单 · 仅一种定量产物 · DMSO 具有高水溶解度和低挥发性 · DMSO 与 DNPH 购买渠道多	· 溶液中无机盐等物质易作为·OH 的淬灭剂 · 衍生物 HCHO-DNPH 的生成反应时间较长，大约 30 min · UV/H_2O_2 体系中 DMSO 与 HCHO 易被氧化降解，使·OH 的定量浓度偏低 · DMSO、甘露醇或者其他有机物会淬灭·OH
	水杨酸（SA）0.2~10.9 mmol/L	· Fenton 反应 · 光催化 · 超声催化 · 水力空化技术 · 电化学氧化	· 水杨酸与·OH 发生羟基化反应，生成 2,3-二羟基苯甲酸（2,3-dHBA）和 2,5-二羟基苯甲酸（2,5-dHBA），HPLC-UV（pH 2）定量测定该两种产物浓度 · [·OH]: 0.25~6.5 mmol/L	· SA-·OH 的高选择性 · 较好的可重复性和敏感度 · 定量产物稳定，易被色谱分离 · SA 具高水溶解度	· 与·OH 高效反应的 SA 浓度会随含 AOTs 所用技术不同而不同 · SA 与 2,5-dHBA 具有相似的羟基反应速率常数，需控制 SA/2,5-dHBA 比例 · 因 SA 的矿化过程，电化学氧化和电-Fenton 技术不宜用 SA 作为探针物质
	苯甲酸类物质（BA）0.1~10 mmol/L	· Fenton 反应 · 光解 · 电-Fenton 反应	· 4-羟基苯甲酸（4-HBA）与·OH 发生羟基化反应，生成 3,4-二羟基苯甲酸（3,4-dHBA）、p-氯苯甲酸反应产生 4-氯酚，或者 BA 羟基化反应后生成羟基苯甲酸异构体（o-HBA, m-HBA, p-HBA），HPLC 定量测定该类产物浓度 · [·OH]: 0.012~0.9 mmol/L	· 对·OH 具有高选择性 · 较好的可重复性和结果精确度定量产物稳定 · BA 在 H_2O_2 存在情况下稳定并具有光化学惰性 · Fenton 体系中的阳离子（如 Na^+, K^+, Ca^{2+}, Cu^{2+}, Ni^{2+}）对定量产物浓度没有影响	· Fenton 体系中的 Cl^- 会淬灭·OH · 目前研究大部分将该方法用于对·OH 的定性 · p-HBA 被·OH 氧化的反应速率常数与 BA 的相似（$K_{OH,p-HBA}=6\times10^9$ L/(mol·s) > $K_{OH,BA}=4.3\times10^9$ L/(mol·s)） · 可能会产生三羟基苯甲酸或三羟基苯甲酸等物质，干扰测定

续表

检测方法	探针	高级氧化体系	主要分析特征	优点	缺点
	甲醇 2～400 mmol/L	• 光解	• 甲醇羟基化反应后生成甲酸，HPLC 定量甲酸与 DNPH 的衍生产物 (HCOOH-DNPH) • [•OH]: 0.6 μmol/L～0.9 mmol/L	• 有比 BA 作为探针时更好的敏感度，两种方法得到的结果类似 • 甲醇在 H_2O_2 存在情况下稳定并具有光化学惰性	• 捕获•OH 的效率低于 BA 方法
	正丙醇 5 mmol/L	• Fenton 反应	• 正丙醇羟基化反应后生成丙醛，定量丙醛与 DNPH 的衍生产物 • [•OH]: 低于 0.3 mmol/L	• 定量结果与 BA 法具有很好的一致性	• 丙醛的估算产率仅为 46% • 丙醛与 DNPH 的衍生反应时间较长，需 12 h
UV/vis 吸光度探针法（定量）	苯 1.2～7 mmol/L	• 光催化 • 电化学氧化	• 苯羟基化反应产生苯酚，HPLC 定量苯酚浓度 • [•OH]: 50 nmol/L, 0.1～0.23 mmol/L	• 对•OH 具有选择性 • 苯酚定量方法简单 • 苯酚生成速率大于苯酚氧化速率 • 高复复性 • UV 条件下不会直接产生苯酚 • 硝酸根离子对苯羟基化反应几乎没有影响	• Br⁻、Cl⁻会淬灭•OH • 苯具有高毒性 • 自然水体中苯酚不稳定，稳定时间仅为 1 h 左右 • 电化学氧化中易产生苯醌如氢醌、苯醌等其他物质
	邻苯二胺 (OPDA) 3 mmol/L	• 光-Fenton 反应	• OPDA 羟基化反应产生 2,3-二氨基吩嗪 (DAPN)，HPLC 定量 DAPN 浓度 • [•OH]: 0.012～0.039 mmol/L	• 对•OH 具有选择性 • 定量方法简单、准确	• H_2O_2 可少量与 OPDA 发生反应产生 DAPN
UV/vis 吸光度探针法（定性）	罗丹明 B (RhB) 0.2 mmol/L	• Fenton 反应	• UV/vis 测定分析 RhB 吸光度变化	• 方法简单、成本低 • 测定结果可重复 • RhB 不易被 H_2O_2 氧化	• Fenton 体系中，因 Fe(II) 的吸附作用，RhB 浓度会缓慢降低

续表

检测方法	探针	高级氧化体系	主要分析特征	优点	缺点
荧光探针法(定量)	对苯二甲酸(TA)和苯二甲酸钠(NaTA) 0.01~75 mmol/L	·Fenton 反应 ·光催化 ·超声催化 ·电化学氧化	·TA 羟基化反应产生 2-羟基苯二甲酸(OHTA), 配备荧光光度计, 分离光度计, 分别在 pH 2.8 或 4.37 和 6.11 时定量分析 OHTA ·[•OH]: 0.31~30 μmol/L	·高敏感度 ·检测方法快速简单 ·只有一种定量产物 ·OHTA 的荧光稳定性可持续 24 h ·当 OHTA 浓度高于 1 mmol/L 时, 也可采用 UV 分光光度法测定	·TA 与•OH 的反应受溶液 pH 影响较大 ·TA 可与 O_2^- 和 H_2O_2 发生反应 ·溶液中的无机盐离子和有机物易淬灭 •OH ·TA 与•OH 的反应产率预估为 80% ·TA 的水解程度有限 ·光催化反应中 TA 仅与溶解态•OH 发生反应 ·OHTA 易被光解
	香豆素 0.1~0.2 mmol/L	·Fenton 反应 ·光催化 ·γ 辐照分解 ·电化学氧化	·香豆素羟基反应生成 7-羟基香豆素 (7-HC), 利用配备荧光探测器的 HPLC 或荧光分光光度计定量分析 ·[•OH]: 1.6 nmol/L~0.02 mmol/L	·对•OH 具有选择性 ·方法具有高灵敏度且快速 ·高可重复性 ·反应体系中香豆素只能通过•OH 的反应产生 ·香豆素不会直接发生光解 ·电化学体系中香豆素不会在阳极直接发生氧化, 高有•OH 的存在	·易生成 7-HC 多种异构体 ·光催化体系中香豆素易在 UV 照射下缓慢消失, 而且香豆素易能与溶解态•OH 发生反应, 7-HC 发生反应; 香豆素浓度较低时, 易发生光催化反应 ·光-Fenton 和电化学氧化体系中 7-HC 继续与•OH 反应

续表

检测方法	探针	高级氧化体系	主要分析特征	优点	缺点
荧光探针法(定性)	DMSO	• Fenton 反应 • 光解	• DMSO 羟基化反应产生甲醛，甲醛与 1,2-环己二酮(CHD)和氨可发生衍生反应产生 $C_{13}H_{15}O_2N$，该衍生物过程中产生荧光；或者 DMSO 羟基化过程中产生的甲基自由基与甲基连接萘 (nitroxide-linked naphthalene, NN) 产生 o-甲基羟胺 (o-MHA)，o-MHA 与荧光光胺反应生成荧光产物，最终定量分析此类荧光产物	• DMSO-•OH 的高选择性 • 方法简单，灵敏，成本低 • 仅一种定量产物 • 反应体系中荧光只能通过•OH 的反应产生	• 抗坏血酸易淬灭•OH • 生成衍生物 $C_{13}H_{15}O_2N$ 的过程中需要升温至 95℃并保持 20 min • 衍生 o-MHA 过程中使用的 NN 需在实验室合成，且体系中若存在还原性物质或碳中心自由基，可能会生成 o-烷氧胺类衍生物，增强荧光信号
化学发光探针法(定量)	邻苯二甲酰肼 (Phth) 0.1～4 mmol/L	• Fenton 反应 • 电化学氧化	• Phth 发生羟基化反应生成 5OH-Phth 和 6OH-Phth，该物质为化学发光物质，利用配有发光光度计的设备进行化学发光分析 (pH 4.5～9.5) • [•OH]: 1.5 μmol/L～1 mmol/L	• 对•OH 具有选择性 • Phth 不可被 $HO_2^\bullet$、HO^-、SO_4^{2-}、Co(III) 或 Ce(IV) 氧化；在 pH 4.5～9.5 范围内，过渡金属对反应几乎没有影响 • 方法具有高灵敏度和高可重复性 • 氧化产物稳定 • 中性和碱性条件下 Phth 具有较好的溶解度 • Phth 不影响化学发光背景值 • 类 Fenton 体系 [Cu(II)] 不需要分离前分析处理	• Br^-、CO_3^{2-} 和有机物易淬灭•OH • H_2O_2 浓度高于 0.15 mmol/L 时，可能会干扰分析 • 可能会产生除 5OH-Phth 和 6OH-Phth 以外的其他产物 • 5OH-Phth 的发光强度是 6OH-Phth 的 40 倍，易使•OH 浓度被低估 • pH 对产物发光有很大影响 • HPLC 分离氧化产物会更易于分析

续表

检测方法	探针	高级氧化体系	主要分析特征	优点	缺点
化学发光探针法(定性)	三(2,2′-联吡啶)钌[Ru(bpy)$_3$]$^{2+}$ 0.5 mmol/L	· Fenton 反应	· 分析激发态 Ru(bpy)$_3^{2+}$ 的化学发光性质	· 对·OH 具有选择性 · 方法准确、高效	· Ru(bpy)$_3^{3+}$ 在水溶液中不稳定，它的制备需在电化学反应器中由 Ru(bpy)$_3^{2+}$ 生成 · 如抗坏血酸和没食子酸等抗氧化性物质易淬灭·OH
自旋捕获法(定量)	DMPO 1~300 mmol/L	· Fenton 反应 · 光催化 · 超声催化 · 电化学氧化	· EPR/ESR 光谱仪分析 DMPO-OH 产物；串联正离子电子喷雾电离器和质谱仪的液相色谱定量 DMPO-OH 浓度 · [·OH]: 0.2 μmol/L~0.15 mmol/L	· 方法具有高灵敏度和高可重复性 · DMPO 具有较好水溶解度 · 分析时间短 · EPR 分析不受光催化悬浮液的影响 · 暂未发现 DMPO 直接发生光解	· DMSO、甘露醇、Fe(II)、PO$_4^{3-}$ 等物质会淬灭·OH · 光催化反应体系中 DMPO 可能与催化剂上空穴发生反应 · DMPO-OH 具有低稳定性: DMPO-OH 的半衰期只有 20 min 左右 · DMPO 对·OH 没有选择性，其和 O$_2$·⁻、¹O$_2$、ROO·发生反应
自旋捕获法(定性)	3-羧基氮氧自由基 0.8 mmol/L	· 光催化反应	· EPR/ESR 光谱仪定量分析 proxyl-NH 产物 · [·OH]: <0.25 mmol/L	· 对·OH 具有选择性 · 方法简单 · 黑暗条件下，TiO$_2$ 不影响 3-羧基氮氧自由基浓度	· 3-羧基氮氧自由基可能会发生自淬灭反应或与钠盐离子竞争·OH，使 3-羧基氮氧自由基浓度减小 · 可能形成多种定量产物
自旋捕获法(定性)	4-羟基-5,5-二甲基-2-三氟甲基吡咯啉-1-氧化物(FDMPO)	· Fenton 反应	· EPR/ESR 光谱仪分析 DMPO-OH 产物	· FDMPO 的稳定性强于 DMPO · EPR 信噪比高于 DMPO 作为探针的情况	· FDMPO 在实验室合成制备 · FDMPO 可与核心自由基(·CH$_3$、·CH$_2$OH)发生反应 · 体系中若存在 O$_2$·⁻，会干扰分析，因为 FDMPO-O$_2$·⁻的信号与 FDMPO·OH 一样

表 2-6 高级氧化体系中·O₂⁻/HO₂·检测方法（化学探针法）

检测方法	探针	高级氧化体系	主要分析特征	优点	缺点
UV/vis 吸光度探针法（定量）	硝基蓝四氮唑（NBT）0.2～1 mmol/L	·光催化	·检测 NBT 或 NBT-甲膪产物在 530 nm 的吸光度变化；·[·O₂⁻]: < 0.17 mmol/L	·NBT 不与 OH 和 H₂O₂ 发生反应；·NBT 不与 TiO₂ 发生反应	·NBT 的水溶解度较低；·2-丙醇易淬灭·O₂⁻
	XTT 0.1 mmol/L	·光催化	·检测 XTT 或 XTT-甲膪产物在 470 nm 的吸光度变化；·[·O₂⁻]: 2.5 nmol/L	·高选择性；·与 NBT 相比，具有高水溶解度	—
荧光探针法（定量）	BA 1 mmol/L	·Fenton 反应	·荧光分析 BA 与·O₂⁻反应产物邻羟基苯甲酸（OHBA）(pH 11)；·[·O₂⁻]: 1 nmol/L～3.1 μmol/L	·高灵敏度；·易校准	·易生成多种羟基苯基异构体等物质；·荧光信号可能因溶液杂质而增强或竞争反应而减小；·检测灵敏度低于 NaTA
	NaTA 1 mmol/L	·Fenton 反应	·荧光分析 NaTA 与·O₂⁻反应物邻羟基苯二甲酸（OHTA）(pH 11)；·[·O₂⁻]: < 5 μmol/L	·灵敏度高于 BA	·pH 对·O₂⁻/HO₂·的半衰期影响较大
化学发光针法（定量）	鲁米诺（luminol）40 μmol/L	·Fenton 反应；·光催化	·鲁米诺与·O₂⁻反应产生 3-氨基邻苯二甲酸并发光，利用光度计检测；·[·O₂⁻]: (3.9×10⁻¹²)～0.18 mmol/L	·光催化体系中，鲁米诺不与催化剂发生反应	·对·O₂⁻不具有选择性，可与 H₂O₂、痕量金属离子(Co、Cu、Mn、Cr、Mg、Fe)以及其他一些物质（如 CO₃⁻、SCN⁻、I⁻、Br⁻、ClO₂⁻）发生反应；·碱性条件下，会产生较大的背景噪声
	甲氧基普林荧光素类似物（MCLA）1～350 μmol/L	·光催化；·超氧热解	·MCLA 与·O₂⁻反应产生发光物质并发光，利用光度计检测；·[·O₂⁻]: 25～60 nmol/L	·对·O₂⁻/HO₂·、¹O₂ 具有选择性；·OH 和 H₂O₂ 不会干扰分析；·高灵敏度；·pH 对定量反应影响较小	·O₂⁻可能与缓冲溶液中的胺发生反应；·MCLA 自身发生氧化反应易增加检测背景值

表 2-7　高级氧化体系中 $^1O_2$ 检测方法（化学探针法）

检测方法	探针	高级氧化体系	主要分析特征	优点	缺点
荧光探针法（定性）	单态氧荧光探针（SOSG）0.5~5 μmol/L	光敏反应	光谱荧光测量检测 SOSG 与 $^1O_2$ 的反应产物 SOSG-EP	· 对 $^1O_2$ 具有高选择性 · SOSG 可商业渠道获取	· 背景荧光会干扰测定
	蒽加咔啉二元体（AAPD）0.5~5 μmol/L	类 Fenton 反应	光谱荧光测量检测 AAPD 与 $^1O_2$ 的反应产物 AAPD-EP	· 对 $^1O_2$ 具有高选择性 · 高灵敏度	· AAPD 需在实验室合成
	MTTA-Eu^{3+} 10 μmol/L	类 Fenton 反应	检测分析荧光产物	· 对 $^1O_2$ 具有高选择性和高灵敏度 · 探针分子具有较好水溶解度 · pH 影响较小 · 荧光产物发光时间长 · 探针分子本身不发出荧光	· MTTA-Eu^{3+} 需在实验室合成
荧光探针法（定量）	PATA-Tb^{3+} 0.02~10 μmol/L	类 Fenton 反应	· 检测分析荧光产物（pH 10.5） · $[^1O_2]$ = 6.8 μmol/L	· 对 $^1O_2$ 具有高选择性和高灵敏度 · 探针分子具有较好水溶解度 · pH 影响较小 · 荧光产物发光时间长 · 探针分子本身不发出荧光	· PATA-Tb^{3+} 需在实验室合成
UV/vis 吸光度探针法（定量）	糠醇（FFA）0.1~0.2 mmol/L	光催化	· HPLC 检测 FFA 的浓度减少量（pH 7） · $[^1O_2]$ = 6.7×10^{-14}~0.18×10^{-4} mol/L	· 对 $^1O_2$ 具有高选择性 · FFA 可商业渠道获取 · 光照条件下 NaCl 对 FFA 的浓度影响较小	· 体系中需有 O_2 存在以产生 $^1O_2$ · N_3^- 会灭 $^1O_2$ · FFA 浓度高于 10 mmol/L 时易与 $^1O_2$ 发生反应

续表

检测方法	探针	高级氧化体系	主要分析特征	优点	缺点
	铼复合物 2.8 mmol/L	• 类 Fenton 反应	• 检测分析发光产物 • $[^1O_2]$ = < 40 mmol/L	• 对 $^1O_2$ 具有高选择性 • 检测限低 • 铼复合物本身不会发出荧光 • 铼可被可见光激发	• 铼复合物需在实验室合成
化学发光探针法(定量)	特异性钌配合物(TTF) 20 μmol/L	• H_2O_2/NaOCl	• 检测定量产物的化学发光或荧光 • $[^1O_2]$ = 1.1~1.4 mmol/L	• 对 $^1O_2$ 具有高选择性	• TTF 需在实验室合成 • TTF 水溶解度低，需添加四氢呋喃提高其溶解度
	TTF-蒽二元体系(TTFA) 20 μmol/L	• H_2O_2/NaOCl	• 检测定量产物的化学发光或荧光 • $[^1O_2]$ = 1.21 μmol/L	• 对 $^1O_2$ 具有高选择性 • 定量反应不受 K、Ca、Mg、Mn、Ni、Zn、Al、Cl^-、HCO_3^-、NO_3^-、SO_4^{2-} 等影响 • 结果精确度可接受(标准偏差 4%左右)	• TTFA 需在实验室合成 • TTFA 水溶解度低 • Fe(III) 和 Cu(II) 可能会氧化 TTF，从而干扰分析

注：表中数据来自 Fernández-Castro 等 (2015)。

(gas diffusion electrode，GDE)作为阴极材料，铂作为阳极材料。阳极反应如式
(2-33)所示。此外，也可采用铁作为阳极来产生 Fe^{2+}，而此时铁电极则会在反应
中逐渐消耗，如式(2-34)所示(Zazou et al.，2016)。

$$Fe^{3+} + e^- \longrightarrow Fe^{2+} \tag{2-31}$$

$$O_2 + 2H^+ + 2e^- \longrightarrow H_2O_2 \tag{2-32}$$

$$2H_2O \longrightarrow O_2 + 4H^+ + 4e^- \tag{2-33}$$

$$Fe \longrightarrow Fe^{2+} + 2e^- \tag{2-34}$$

利用电辅助活化体系去除污染物的研究已有较多报道，进一步提高该体系的
效率是目前研究的热点。例如，将电辅助活化过氧化物和生物方法相结合而发展
起来的生物电子高级氧化技术是目前较为活跃的研究方向。

2)光辅助活化

在光辅助活化体系中，紫外线(UV)可帮助 Fe^{3+} 还原为 Fe^{2+}，如式(2-35)所示
(Lhotský et al.，2017)。该过程在 pH 3.0 条件下反应效率最高，因为此时 Fe^{3+} 通常
以 $Fe(OH)^{2+}$ 形态存在。多个 UV 区均可作为光-Fenton 过程中的光能源，即 UVA
($\lambda = 315\sim400$ nm)、UVB($\lambda = 285\sim315$ nm) 和 UVC($\lambda < 285$ nm)，•OH 的产率随
光强度而变化。$Fe(OH)^{2+}$ 仅在 UVB 区域具有最大吸光度。仅通过 $Fe(OH)^{2+}$ 的
UV 光解产生•OH 的效率较低[式(2-36)的量子产率为 0.2]。在中性 pH 条件下，
由于 Fe^{3+} 沉淀，光辅助活化工艺的效率极低。而添加如聚羧酸盐和聚氨基羧酸盐
[如草酸盐、柠檬酸盐、乙二胺四乙酸(EDTA)和 N, N'-乙二胺二琥珀酸(EDDS)]
等配体(L)可显著提高光-Fenton 工艺的效率，这些配体与 Fe^{3+} 形成稳定的配合物，
其在 UV 和可见光照射下通过配体-金属-电荷转移步骤将 Fe^{3+} 还原为 Fe^{2+}[式
(2-37)]，Fe^{3+}-L 配合物的量子产率高于 $Fe(OH)^{2+}$ 的量子产率。与经典 Fenton 和
纯光解反应相比，光辅助活化体系产•OH 效率更高，该体系可降解包括多氯联苯、
农药和药物等多种有机污染物。

$$Fe^{3+} + h\nu + H_2O \longrightarrow Fe^{2+} + H^+ + \bullet OH \tag{2-35}$$

$$Fe(OH)^{2+} + h\nu \longrightarrow Fe^{2+} + \bullet OH \tag{2-36}$$

$$Fe^{3+}\text{-L} + h\nu \longrightarrow Fe^{2+} + L^+\bullet \tag{2-37}$$

3)超声辅助活化

在超声辅助活化体系中，高频声波将水分解为•OH 和•H，当超声溶液中含有
Fe^{3+} 时，则发生如式(2-38)～式(2-42)所示的反应过程(Bremner et al.，2009)。在
该过程中产生的 Fe^{2+} 和 H_2O_2 进一步发生 Fenton 反应，由声化学和 Fenton 反应产
生的•OH 均可用来降解污染物。

$$•H + Fe^{3+} \longrightarrow Fe^{2+} + H^+ \tag{2-38}$$

$$•H + O_2 \longrightarrow HO_2• \tag{2-39}$$

$$HO_2• \longrightarrow •O_2^- + H^+ \tag{2-40}$$

$$Fe^{3+} + •O_2^- \longrightarrow Fe^{2+} + O_2 \tag{2-41}$$

$$HO_2• + •O_2^- + H^+ \longrightarrow H_2O_2 + O_2 \tag{2-42}$$

4) 基于其他过渡金属的活化体系

已有文献报道金属铈 (Ce^{3+})、钴 (Co^{2+})、铜 (Cu^+ 和 Cu^{2+})、锰 (Mn^{2+})、钌 (Ru^{2+}) 及其部分配合物可催化 H_2O_2、SPC 和 CP 等过氧化物,产生•OH 降解污染物(Chen et al., 2011; Sun et al., 2022; Yang et al., 2021)。此外,多金属氧酸盐(POMs)如钨和钼的多氧复合物也可催化 H_2O_2 产生•OH。相对于铁而言,这些金属在均相条件下环境友好度较差,催化 H_2O_2 的效率并不优于铁,因此相关研究和应用较少。

在上述均相活化体系中,有 Fe^{3+} 参与的过氧化物高级氧化反应常局限在酸性 pH 条件,且迄今为止,上述均相活化过氧化物技术尚未应用于实际的场地修复。

2. 非均相活化体系

非均相活化反应是指有固相催化剂参与的 H_2O_2、SPC 和 CP 等过氧化物活化反应。相比于均相反应,非均相体系的优势主要在于:①具有更广的 pH 适用范围;②Fe_3O_4 等磁性固相催化材料容易回收以提高材料的利用率,并且可减少活化材料的二次污染。固相催化剂可根据其是否含有金属分为金属催化材料(如铁基、铜基等材料)和非金属催化材料(如碳材料)。

金属催化材料中铁基材料是研究最多的过氧化物催化材料,已有文献报道的可用于催化 H_2O_2、SPC 和 CP 等过氧化物的铁氧化物有 Fe_3O_4、FeS_2、Fe_2O_3、α-FeOOH 和 γ-FeOOH;铜氧化物有 CuO 和 Cu_2O;双金属氧化物有 Fe-Cu、Cu-Zn、Fe-Ni 等。其催化 H_2O_2、SPC 和 CP 等过氧化物产生•OH 的机理与均相过渡金属离子反应相似,主要不同之处在于采用固相催化时,催化反应常发生在固体表面 [式(2-43)~式(2-45)],所以研究的重点在于如何增加固相材料的稳定性,减少反应过程中活性金属的溶出。

$$M(II) + H_2O_2 \longrightarrow M(III) + OH^- + •OH \tag{2-43}$$

$$M(III) + H_2O_2 \longrightarrow M(II) + HO_2• + H^+ \tag{2-44}$$

$$M(III) + HO_2• \longrightarrow M(II) + O_2 + H^+ \tag{2-45}$$

此外,还原条件下也可产生•OH。有研究表明,将零价铁 (Fe^0) 加入充气的水中会发生如式(2-46)~式(2-48)的反应而生成 Fe^{2+} 和 H_2O_2,进而发生 Fenton 反应,

且污染物可能被 Fe^0 还原降解，该过程涉及的反应较为复杂。

$$2Fe^0 + O_2 + 4H^+ \longrightarrow 2Fe^{2+} + 2H_2O \tag{2-46}$$

$$Fe^{2+} + O_2 \longrightarrow Fe^{3+} + \bullet O_2^- \tag{2-47}$$

$$2\bullet O_2^- + 2H^+ \longrightarrow H_2O_2 + O_2 \tag{2-48}$$

活性炭、石墨烯、碳纳米管、生物炭等非金属材料由于其原材料来源广、不产生二次污染等优点在近年来得到广泛关注。碳材料通常以电子转移的方式活化过氧化物，如研究报道活性炭(AC)活化过氧化氢的机理如式(2-49)和式(2-50)所示(AC⁺表示活性炭失去一个电子)。并且，碳材料的缺陷结构及本身所带持久性自由基与其活化性能成正比(Fang et al., 2014)。

$$AC + H_2O_2 \longrightarrow AC^+ + OH^- + \bullet OH \tag{2-49}$$

$$AC^+ + H_2O_2 \longrightarrow AC + H^+ + HO_2\bullet \tag{2-50}$$

除上述材料外，金属-非金属复合材料也得到较多研究。一般非金属材料具有较大比表面积，可作为金属材料的载体从而分散活性位点，同时非金属材料也可作为吸附剂使污染物在过氧化物高级氧化体系中通过吸附-氧化协同作用实现高效去除。常用非金属载体材料有炭材料(活性炭、石墨烯、碳纳米管、生物炭等)、沸石、多孔二氧化硅、黏土材料(蒙脱石、水滑石等)(Ge et al., 2021; Lu et al., 2020; Luo et al., 2019, 2022b; Silwana et al., 2020; Zhu et al., 2020)。

2.2.4　基于过硫酸盐的活化体系

1. 均相活化体系

与过氧化物高级氧化技术活化体系类似，PDS/PMS 的活化体系也分均相和非均相两种不同反应，其中均相活化方式有过渡金属活化、紫外活化、热活化和超声活化等。PDS 和 PMS 的均相活化方法总结见表 2-8 和表 2-9。

表 2-8　PDS 均相活化方法

方法	活化机制	反应条件
加热	O—O 键均裂	40~99℃
紫外	O—O 键均裂	常用波长 $\lambda=254$ nm
过渡金属离子	单电子转移	通常在较低 pH 条件下
过渡金属离子络合物	单电子转移	中性 pH 条件亦可
碱活化	PDS 水解成 H_2O_2	pH > 11
电解	通过原电池产生 Fe^{2+}	需预先加入二价铁盐或阳极采用铁电极
超声	O—O 键均裂	超声频率
辐射	与溶剂化电子作用	电子束照射水溶液
部分有机物	单电子转移	低分子量、阴离子有机物如苯酚、醌类

表 2-9　PMS 均相活化方法

方法	活化机制	反应条件
加热	O—O 键均裂	40～90℃
紫外	O—O 键均裂	常用波长 $\lambda=254$ nm
过渡金属离子	单电子转移	通常在较低 pH 条件下
碱活化	PMS 水解成 H_2O_2	pH > 11
电解	通过原电池产生 Fe^{2+}	需预先加入二价铁盐或阳极采用铁电极
臭氧	形成—O_3SO_5—	—
辐射	与溶剂化电子作用	电子束照射水溶液
部分有机物	单电子转移	聚酰亚胺作为电子供体

1) 过渡金属活化

根据 Anipsitakis 和 Dionysiou(2004)的研究可知，在 Fe^{2+}/Fe^{3+}、Co^{2+}、Ni^{2+}、Cu^{2+}、Ru^{3+}、Ag^+ 等过渡金属离子中，Co^{2+} 是 PMS 最有效的催化剂(Hu and Long, 2016)。对于 PDS 而言，尽管 Ag^+ 的活化效率更高，但是基于经济原因和环境友好性考虑，Fe^{2+} 仍是最常用的催化金属。过渡金属的剂量对活化反应过程具有一定影响，当过渡金属过量时，其会与污染物竞争消耗 $SO_4^-\bullet$ 而降低污染物的去除效率(Xiao et al., 2018)。活化反应一般方程式如式(2-51)和式(2-52)所示，过渡金属消耗 $SO_4^-\bullet$ 的反应式如式(2-53)所示。

$$M^{n+} + S_2O_8^{2-} \longrightarrow M^{(n+1)+} + SO_4^-\bullet + SO_4^{2-} \tag{2-51}$$

$$M^{n+} + HSO_5^- \longrightarrow M^{(n+1)+} + OH^- + SO_4^-\bullet \tag{2-52}$$

$$M^{n+} + SO_4^-\bullet \longrightarrow M^{(n+1)+} + SO_4^{2-} \tag{2-53}$$

另有研究发现，以高氯酸铁作为 Fe^{2+} 源且在 pH 为 3 时，Fe^{2+}/PDS 体系的主要氧化物质为高价铁 FeO^{2+}，反应方程如式(2-54)所示。

$$S_2O_8^{2-} + Fe^{2+} + H_2O \longrightarrow FeO^{2+} + 2SO_4^{2-} + 2H^+ \tag{2-54}$$

并且，当采用 Fe^{3+} 活化 PDS 时，也可能出现高价铁，如式(2-55)所示(Peng et al., 2021)。

$$S_2O_8^{2-} + Fe^{3+} + H_2O \longrightarrow SO_4^-\bullet + SO_4^{2-} + FeO^{2+} + 2H^+ \quad \Delta E^0 = 0.81 \text{ V} \tag{2-55}$$

直接采用过渡金属离子进行活化时，由于金属离子会在溶液达到其初始沉淀 pH 时沉淀，从而影响活化效率，因此过渡金属活化体系受溶液 pH 的影响通常较大。针对此问题，研究表明耦合络合剂可有效改善这一影响，常用的络合剂有柠檬酸、乙二胺四乙酸(EDTA)、N, N'-乙二胺二琥珀酸(EDDS)、三磷酸钠(STPP)和 1-羟基乙烷-1,1-二膦酸(HEDPA)等(Xiao et al., 2020)。

2) 外加能量(加热、紫外、超声、辐射)活化

外加能量是 PDS 活化方法中 $SO_4^-\bullet$ 产量最大的活化方式，因此时 PDS 中的过氧 O—O 键发生均裂反应(化学键断裂所需能量为 92 kJ/mol，表 2-1)，即 1 mol 的 $S_2O_8^{2-}$ 可产生 2 mol $SO_4^-\bullet$；而 1 mol 的 PMS 则分解为 1 mol $SO_4^-\bullet$ 和 1 mol $\bullet OH$，如式(2-56)和式(2-57)所示。有效热活化 PDS 的温度通常超过 30℃，但如果温度过高会导致 PDS 的快速分解产生过多的 $SO_4^-\bullet$ 相互淬灭，从而造成污染物的整体矿化率下降。因此，针对不同的污染物，需优先探讨针对 PDS 或 PMS 的最佳活化温度。

$$S_2O_8^{2-} + 能量 \longrightarrow 2SO_4^-\bullet \tag{2-56}$$

$$HSO_5^- + 能量 \longrightarrow SO_4^-\bullet + \bullet OH \tag{2-57}$$

相对于 PMS 而言，PDS 对光更敏感，因此，光活化方法通常对 PDS 更有效，常使用的 UV 波长为 254 nm。有研究发现，对于 2,4-二氯酚等污染物的降解效率由高到低分别为 $UV/K_2S_2O_8 > UV/KHSO_5 > UV/H_2O_2$ (Miklos et al., 2018)。

与其他能量活化方式相比，超声活化具有一定的优势——更清洁安全、操作条件宽松、流动条件下可大规模处理废水等。在水中进行超声时，由于是准绝热过程，可产生高达 5000℃ 的局部高温和约 500 atm 压力的瞬时极端条件而活化 PDS 和 PMS 产生自由基，但是在场地地下水环境中很难规模化应用。

水经辐射可同时产生氧化性物质(H_2O_2、$\bullet OH$)和还原性物质(e_{aq}^-、$\bullet H$)，当 PDS 存在时，其会与 e_{aq}^-、$\bullet H$ 反应以阻止其与 $\bullet OH$ 重新结合，并同时诱导产生 $SO_4^-\bullet$，如式(2-58)和式(2-59)所示。已有研究表明，苯酚、邻苯二甲酸二乙酯、氰尿酸、酸性黄及苯并三唑等有机污染物在紫外活化 PDS 体系中具有较高降解效率(Gao et al., 2012; Huang and Huang, 2009; Luo et al., 2016; Milh et al., 2021; Olmez-Hanci and Arslan-Alaton, 2013; Wang et al., 2020)。

$$S_2O_8^{2-} + \bullet H \longrightarrow SO_4^-\bullet + SO_4^{2-} + H^+ \tag{2-58}$$

$$S_2O_8^{2-} + e_{aq}^- \longrightarrow SO_4^-\bullet + SO_4^{2-} \tag{2-59}$$

此外，有研究发现激光也能活化 PDS 产生 $SO_4^-\bullet$，但应用该方法降解污染物的相关研究较少。

3) 碱活化

碱活化是原位应用过硫酸盐高级氧化技术的常用活化方法，常通过加入 NaOH 或 KOH 维持反应体系的 pH 在 11～12，以实现 PDS 或 PMS 的活化。使用碱催化时，一个过硫酸盐分子水解形成氢过氧化物中间体(HO_2^-)，HO_2^- 与另一个过硫酸盐分子发生单电子转移反应[式(2-60)]。此外，因为反应条件为碱性，产生的 $SO_4^-\bullet$ 会向 $\bullet OH$ 转化[式(2-61)]，因此通常实际上主导污染物降解的活性氧

物质主要为•OH。

$$2S_2O_8^{2-} + 2OH^- \longrightarrow SO_4^-\bullet + 3SO_4^{2-} + 2H^+ + \bullet O_2^- \tag{2-60}$$

$$SO_4^-\bullet + OH^- \longrightarrow \bullet OH + SO_4^{2-} \tag{2-61}$$

尽管高浓度的碱能促进自由基的产生，但是在原位反应中为了使反应结束后的 pH 趋于中性，通常理论上碱的加入量为过硫酸盐用量的 2 倍。然而，由于场地地下水或土壤的自然缓冲能力及碱活化过程会产生大量 H^+，实际碱活化反应中的碱用量要远大于理论值。

4)电化学活化

电化学反应会在阴极产生 $SO_4^-\bullet$[式(2-62)]，其机理与 Fe^{2+} 通过电子转移活化 PDS 的反应相同。部分研究报道了电化学和过渡金属活化 PDS 反应的协同效应。固体铁在阳极反应产生 Fe^{2+}[式(2-51)]用来活化 PDS，且产生的 Fe^{3+} 可以在阴极被还原为 Fe^{2+}[式(2-31)]使得 Fe^{2+} 活化过程得以循环。此外，有研究表明 $S_2O_8^{2-}$ 可以由 SO_4^{2-} 经电化学反应在阳极产生[式(2-63)]，此电化学反应使活化体系中 $SO_4^-\bullet$ 得以持续存在。

$$S_2O_8^{2-} + e^- \longrightarrow SO_4^-\bullet + SO_4^{2-} \tag{2-62}$$

$$SO_4^{2-} + SO_4^- \longrightarrow S_2O_8^{2-} + e^- \tag{2-63}$$

2. 非均相活化体系

PDS 或 PMS 的非均相活化剂主要分为金属和非金属两大类。金属类主要包括单金属和混合金属氧化物，如铁氧化物、铜氧化物、钴氧化物，以及铁-铜、铁-锰等双金属氧化物等；非金属类主要为碳材料，如生物炭、碳纳米管、石墨烯等。此外，金属/非金属复合材料也是一类研究较为广泛的材料。

1)单金属材料

表 2-10 总结了目前已报道的各种单金属 PDS/PMS 活化剂，一般而言可分为铁基、钴基、铜基及锰基单金属材料。尽管银和钌也被认为具有活化 PDS/PMS 的性能，但是其较大的毒性和较高的价格，并没有使其得到广泛研究。

表 2-10　单金属活化/催化材料

材料	PDS	PMS	材料特点
Fe_3O_4	√	√	含有固相二价铁，活性大、具有磁性，易于水相分离
FeS_2	√	√	S 可作为 PMS 的电子供体并介导 Fe(II) 的再生
Fe^0	√	√	作为 Fe^{2+} 释放源，但容易形成表面钝化层
$Fe^0@Fe_2O_3$	√	√	均相异相反应同时存在，效率高于 Fe^{2+} 离子

续表

材料	PDS	PMS	材料特点
FeOOH(α-, β-, γ-, δ-)	—	√	在活化 PMS 降解染料时，催化活性 α-FeOOH $<$ β-FeOOH $<$ γ-FeOOH $<$ δ-FeOOH
Nano-Fe$_2$O$_3$	√	√	PDS 和 PMS 的活化发生在固体表面
Co$_3$O$_4$	—	√	
CoO	—	√	钴是活化 PMS 最好的过渡金属，但钴的毒性较其他
CoO$_2$	—	√	过渡金属高
Co$_2$O$_3$	—	√	
CuO	√	√	在活化 PDS 时可重复使用，但目前活化机制仍有争议
CuS	√	—	PDS 的活化发生在表面，酸性条件下污染物降解更好
Cu$_2$O	√	√	Cu(I)与其他材料复合可起到促进作用
Mn$_2$O$_3$	—	√	
MnO	—	√	Mn 的活化性能与其晶体结构有关，且在活化 PDS 时起污染物
Mn$_3$O$_4$	—	√	降解作用的活性氧物质为 ^{1}O$_2$
MnO$_2$(α-, β-, γ-)	√	√	

注：表中"—"表示截至 2020 年 6 月 Web of Science 搜索相应关键词无结果，下同。

(1)铁基活化剂。

近年来，铁基材料在活化 PDS 和 PMS 中得到了广泛研究和应用。单金属铁氧化物活化原理与均相铁离子活化体系类似，不同之处在于活化反应常发生在材料表面，因而拓宽了其 pH 适用范围。双金属或多金属氧化物则存在金属间协同作用，从而大幅度提高了整体材料的活化能力，各种负载复合材料可在实现金属分散效果的同时实现污染物的吸附-氧化协同作用。常用的载体材料有石墨烯、碳纳米管、生物炭、活性炭等。

对于 PDS 而言，Fe(II) 和 Fe^0 具有较高的活化性能。一般认为 Fe(II) 活化过程为其在固体表面失去一个电子被氧化为 Fe(III)，S$_2$O$_8^{2-}$ 得到电子产生 SO$_4^-$•。活化机理如式(2-64)所示。而 Fe^0 活化过程则较为复杂且具有争议，有研究者认为 Fe^0 首先被水中的溶解氧和 S$_2$O$_8^{2-}$ 氧化释放出 Fe$_{(aq)}^{2+}$，Fe$_{(aq)}^{2+}$ 与 S$_2$O$_8^{2-}$ 反应产生 SO$_4^-$•，如式(2-65)和式(2-66)所示。

$$Fe(II) + S_2O_8^{2-} \longrightarrow Fe(III) + SO_4^-• + SO_4^{2-} \tag{2-64}$$

$$2Fe^0 + O_2 + 2H_2O \longrightarrow 2Fe_{(aq)}^{2+} + 4HO^- \tag{2-65}$$

$$Fe^0 + S_2O_8^{2-} \longrightarrow Fe_{(aq)}^{2+} + 2SO_4^{2-} \tag{2-66}$$

但也有研究者认为活化反应发生在 Fe^0 表面[式(2-67)和式(2-68)]，这可解释 Fe^0 在反应一段时间后钝化，而通过酸洗等再活化处理可重新恢复其活性。

$$\equiv Fe^0 + S_2O_8^{2-} \longrightarrow \equiv Fe^{2+} + 2SO_4^{2-} \tag{2-67}$$

$$\equiv Fe^{2+} + S_2O_8^{2-} \longrightarrow \equiv Fe^{3+} + SO_4^{-}\bullet + SO_4^{2-} \tag{2-68}$$

Fe(III) 对 PDS 的活化性能很低,甚至部分研究者认为其无法使 PDS 产生 $SO_4^{-}\bullet$,主要原因是 PDS 无法将 Fe(III)还原为 Fe(II)。而 PMS 的还原性较 PDS 强,Fe(III)对 PMS 具有一定的活化性能,因此 Fe 在 PMS 活化体系中具有循环作用能力,Fe 催化 PMS 的机理如式(2-69)~式(2-71)所示。

$$Fe(II) + HSO_5^- \longrightarrow Fe(III) + SO_4^{-}\bullet + OH^- \tag{2-69}$$

$$Fe(III) + HSO_5^- \longrightarrow Fe(II) + SO_5^{-}\bullet + H^+ \tag{2-70}$$

$$SO_5^{-}\bullet + H_2O \longrightarrow \bullet OH + H^+ + SO_5^{2-} \tag{2-71}$$

(2)钴基活化剂。

钴基活化剂被认为是对 PMS 活化性能最好的非均相活化材料,主要包括钴的各种氧化物:CoO、CoO_2、CoO(OH)、Co_2O_3 和 Co_3O_4,活化机理与均相过渡金属活化体系相同。

(3)铜基催化剂。

铜基催化剂主要有 CuO 和 Cu_2O。有研究表明 CuO 对 PMS 的催化活性是 Cu_2O 的 1.5~2 倍(Ji et al., 2011)。催化机理与 Fe(III)/PMS 体系类似,如式(2-72)和式(2-73)所示。

$$Cu(II) + HSO_5^- \longrightarrow Cu(I) + SO_5^{-}\bullet + H^+ \tag{2-72}$$

$$Cu(I) + HSO_5^- \longrightarrow Cu(II) + SO_4^{-}\bullet + OH^- \tag{2-73}$$

然而,目前对于 CuO 活化 PDS 的机理仍存争议:部分研究者认为,CuO/PDS 体系机理与 CuO/PMS 体系相似,是以 Cu(II)被还原为 Cu(I)为活化反应开端。但是有部分学者认为 PDS 并不是将 Cu(II)还原为 Cu(I),而是将其氧化为 Cu(III),如式(2-74)和式(2-75)所示(Matzek and Carter, 2016)。

$$Cu(II) + S_2O_8^{2-} \longrightarrow Cu(II)\cdots O_3SO_2SO_3^{2-} \tag{2-74}$$

$$Cu(II)\cdots O_3SO_2SO_3^{2-} \longrightarrow Cu(III) + SO_4^{-}\bullet + SO_4^{2-} \tag{2-75}$$

此外,还有研究者认为 CuO/PDS 体系中并没有自由基产生,主要的氧化物质是 CuO 与 PDS 外圈吸附生成的中间态物质(Du et al., 2017)。即被 CuO 活化了的 PDS(但不足以产生自由基)与富电子污染物通过电子转移直接反应。污染物降解的同时 PDS 分解为 SO_4^{2-},如图 2-5 所示。因此,CuO/PDS 体系降解污染物的机理值得进一步研究。

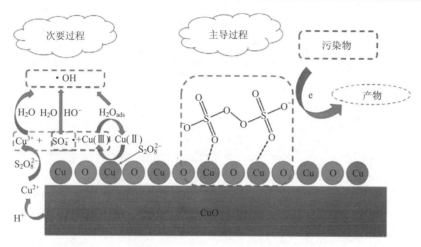

图 2-5　CuO 活化 PDS 降解污染物的可能非自由基机理

图中数据来自 Du 等(2017)

(4) 锰(Mn)基催化剂。

目前已有众多关于多种锰氧化物活化 PMS 的性能及机理的研究,包括不同晶体学尺度的 $MnO_2(\alpha\text{-}, \beta\text{-}, \gamma\text{-}MnO_2)$ 及不同 Mn 价态(2+、3+和 4+)的氧化物(如 MnO、Mn_2O_3、Mn_3O_4)。锰氧化物的催化性能取决于以下几个方面:①是否存在可实现不同 Mn 价态之间转换的氧缺陷(oxygen liability);②反应活性面暴露的程度(density),如具有双隧道结构的 MnO_6 边缘;③是否存在混合价态 Mn;④不同 Mn 氧化态的氧化还原电位;⑤比表面积及结晶程度,相比于比表面积,结晶程度对催化的影响更明显(Kohantorabi et al., 2021)。相同条件下,不同氧化态的 Mn 对 PMS 的催化活性依次为 $\alpha\text{-}Mn_2O_3 > MnO > \gamma\text{-}Mn_3O_4 > \gamma\text{-}MnO_2$,其催化 PMS 的机理如式(2-76)~式(2-79)所示(Huang et al., 2019; Tang et al., 2015; Zhang et al., 2019)。

$$Mn(II) + HSO_5^- \longrightarrow Mn(III) + SO_4^-\bullet + OH^- \tag{2-76}$$

$$Mn(III) + HSO_5^- \longrightarrow Mn(IV) + SO_4^-\bullet + OH^- \tag{2-77}$$

$$Mn(III) + HSO_5^- \longrightarrow Mn(II) + SO_5^-\bullet + H^+ \tag{2-78}$$

$$Mn(IV) + HSO_5^- \longrightarrow Mn(III) + SO_5^-\bullet + H^+ \tag{2-79}$$

除 Mn 的氧化物外,Mn 八面体分子筛(OMS-2)因其大比表面积、高密度晶格氧及混合 Mn 价态(2+、3+和 4+)而具有较强的活化能力,也得到一些研究(Tepe, 2018)。

2) 多元金属材料

与单金属材料相比,多元金属材料具有以下优势:①提高了材料的稳定性(减少活性金属在使用过程中的溶出);②增加了材料的多功能性(如光敏性、磁性等);③增加了材料的氧化还原活性,使材料具有更好的催化性能;④其他金属的存在提高了材料的比表面积,使材料获得了不同金属之间协同氧化还原的能力,且增加了催化剂表面碱位点的密度。表 2-11 总结了近年研究较多的过硫酸盐多元金属活化剂。

表 2-11　多金属 PDS/PMS 催化/活化材料

材料	PDS	PMS	特点
$Fe_{0.8}Co_{2.2}O_4$	√	√	
$CoFe_2O_4$	—	√	
XFe_2O_4 (X = Co, Cu, Mn, Zn)	√	√	
CoAlMn	√	√	
$CoMn_2O_4$	√	√	①活化 PMS 时,铁的存在减少了钴的溶出;
$CuFe_2O_4$	√	√	②过渡金属间的协同作用促进了 M(II)~M(III)
$CuFeO_2$	√	√	的氧化还原循环过程从而促进 PDS 或 PMS 的活化
$CuBi_2O_4$	—	√	
$NiFe_2O_4$	√	—	
$MnFe_2O_4$	—	√	
CuMgFe-LDH/LDO	√	√	
CuCoFe-LDH	—	√	

(1)二元混合金属:二元混合金属材料主要有 Co-Fe、Cu-Fe、Ni-Fe、Mn-Fe、Co-Mn、Cu-Bi 等,其中磁性的 $CoFe_2O_4$ 是研究最为广泛的 Co-Fe 材料。Co-Fe 的强结合作用可以有效减少 Co 的溶出从而增强其对 PMS 的催化活性。在 Co-Fe 材料中,相比对 PMS 具有强活化性的 Co(II),Fe(III)的贡献较小。Cu-Fe 材料在活化 PMS 时,$CuFe_2O_4$ 比 $CuFeO_2$ 更稳定。此外,Cu-Fe 的协同作用明显有利于 $CuFe_2O_4$ 活化 PMS:Cu(II)被 HSO_5^- 还原为 Cu(I)后,电子从 Cu(I)转移到 Fe(III)而产生 Fe(II),在热力学上该反应过程比 Cu(I)与分子氧的歧化反应更为稳定,因此该过程促进了 PMS 的活化(Chen et al., 2020a)。但同时也有研究者认为,Cu(II)/Cu(III)之间的转化也是存在的,如式(2-80)~式(2-83)所示(Xu et al., 2016)。

$$\equiv Cu^{2+}-{}^-OH + HSO_5^- \longrightarrow \equiv Cu^{2+}-(HO)OSO_3^- + OH^- \qquad (2\text{-}80)$$

$$\equiv Cu^{2+}-(HO)OSO_3^- \longrightarrow \equiv Cu^{3+}-{}^-OH + SO_4\bullet^- \qquad (2\text{-}81)$$

$$\equiv Cu^{3+}-{}^-OH + HSO_5^- \longrightarrow \equiv Cu^{2+}-\bullet OOSO_3^- + H_2O \qquad (2\text{-}82)$$

$$2\equiv Cu^{2+}-\ \cdot OOSO_3^- + H_2O_2 \longrightarrow 2\equiv Cu^{2+}-{}^-OH + O_2 + 2SO_4^-\cdot + 2H^+ \quad (2\text{-}83)$$

尽管存在 Cu-Fe 的协同作用，但是 $CuFe_2O_4$ 对 PMS 的活化性能仍然弱于 $CuCo_2O_4$。相比于对 PMS 的高催化效果，Cu-Fe 材料对 PDS 的催化性能并不十分理想。除 Cu-Fe、Co-Fe 催化剂以外，Ni-Fe 催化剂近来也得到了研究人员的关注，其对 PMS 的活性不如 Cu-Fe、Co-Fe 催化剂，但优于 Mn-Fe 催化剂，且 $Ni_{0.6}Fe_{2.4}O_4$ 对 PDS 也具有很好的催化性能，活化机理如式(2-84)～式(2-86)所示(Xiao et al., 2020)。

$$Ni(II) + S_2O_8^{2-} \longrightarrow Ni(III) + SO_4^-\cdot + SO_4^{2-} \quad (2\text{-}84)$$

$$Ni(II) + Fe(III) \longrightarrow Ni(III) + Fe(II) \quad (2\text{-}85)$$

$$Fe(II) + S_2O_8^{2-} \longrightarrow Fe(III) + SO_4^-\cdot + SO_4^{2-} \quad (2\text{-}86)$$

(2) 多元混合金属：多元混合金属材料主要来自于层状金属氢氧化物(LDH)及其焙烧产物层状混合金属氧化物(LDO 或称 MMO)。目前研究的混合金属主要有 CuMgFe-LDH(LDO)、CoMnAl-LDO、CuCoFe-LDH(Wang et al., 2021)。LDH 材料的优势在于其过渡金属在材料中是均匀分散的，这将大大提高催化效率，且这是非均相活化体系里被着力解决的问题之一(Chen et al., 2017)。三元混合金属催化 PMS 的机理与二元金属活化体系相似，但是在催化 PDS 上存在特例，比如有研究者发现 CuMgFe-LDO/PDS 体系对酚类污染物的降解效率要远远高于其他污染物，原因可能是酚羟基与材料中的铜形成络合物进而被 PDS 直接氧化降解(Chen et al., 2020b)，这说明污染物与活化材料之间的相互作用在异相活化 PDS 体系中的贡献也不可忽略。

3) 非金属材料

相比于金属活化材料来说，非金属材料价格更低、更安全，以及理化性质更容易调控。如表 2-12 所示，目前研究的非金属材料主要以碳材料为主，包括生物炭(BC)、活性炭(AC)、碳纳米管(CNTs)、纳米金刚石、石墨烯和氧化石墨烯(GO)等，氮掺杂、硫掺杂及氮硫共掺杂等化学修饰改性材料也得到了广泛研究。除此之外，关于碳/碳以及碳/金属复合材料活化 PDS 和 PMS 的研究也常见报道。

表 2-12　非金属活化/催化材料

材料	PDS	PMS	简介
还原-氧化石墨烯及掺杂物	√	√	优势：①不存在金属溶出产生的二次污染问题；②非自由基降解机理对污染物具有选择性
碳纳米管及掺杂物	√	√	
生物炭	√	√	劣势：①活化效率较金属材料低；②材料的活性随着表面官能团被氧化而降低
活性炭	√	√	
纳米金刚石	√	√	

(1) 未改性碳材料。

① 生物炭和活性炭：生物炭的来源广泛，相比金属活化剂而言更加经济实惠，其通常作为吸附剂而被广泛研究，并因优良的吸附作用而被研究者用于负载活化 PDS 和 PMS 的纳米金属材料，但针对生物炭本身活化 PDS 和 PMS 的研究仍不足。2015 年 Fang 等首次研究了生物炭活化 PDS 降解多氯联苯 (PCB) 的过程，发现起活化作用的物质是生物炭制备时产生的持久性自由基 (Fang et al., 2015)。近年来，也有研究者发表了关于污泥生物炭 (以污泥作为生物炭前驱体) 活化 PDS 和 PMS 降解有机污染物的研究论文，研究者认为污泥生物炭表面的含氧官能团和 Fe 元素是主要的活性位点 (Diao et al., 2020; Liu et al., 2021a)。

与生物炭类似，针对活性炭本身活化 PDS 和 PMS 的研究仍较少。有研究发现，活性炭/PDS 体系中的主导反应为非自由基过程，即活性炭并没有将 PDS 分解为自由基而是充当电子传递媒介，便于污染物通过活性炭传递电子至 PDS 从而降解污染物 (Li et al., 2016)。

② 石墨烯和碳纳米管：还原的氧化石墨烯 (rGO) 首先被发现可活化 PMS 产生 $SO_4^-\bullet$，并且活化 PMS 的主要位点为羧基。密度泛函理论计算也表明，PMS (HO—OSO$_3^-$) 只能在碳簇上的羧基处裂解为 $SO_4^-\bullet$，这证实了醌型氧化还原中心的关键作用 (Wang et al., 2016b)。如图 2-6 所示，位于边界处的醌基团具有孤对电子并通过 C=O···H—O—OSO$_3$ 键与 PMS 相互作用使过氧键 O—O 变弱，然后氢键通过内圈电荷转移将电子从酮氧基传递给 PMS 以产生 $SO_4^-\bullet$。亚稳态和带正电荷的氧中心进一步从另一个 PMS 分子中重新获得电荷，以产生过一硫酸根自由基 ($SO_5^-\bullet$) 并恢复酮基以实现氧化还原循环 (Li et al., 2017)。另外，研究还发现石墨

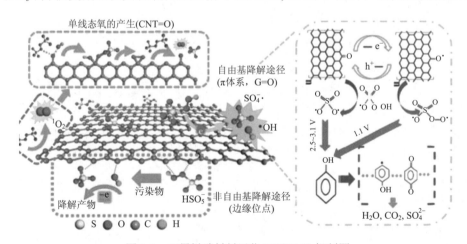

图 2-6　石墨烯碳材料活化 PDS/PMS 机制图

图中数据来自 Li 等 (2017)

烯缺陷程度与反应速率之间存在正相关关系。理论模型计算表明,边缘位置和空穴与过硫酸盐相互作用的反应性远高于蜂窝基面。沿石墨烯外围的碳物种保持 sp^2 杂化并将部分 π 电子和自旋局限于“局部态”,预计这些碳形态也具有高的催化势(Beltrán et al., 2019)。

除自由基参与去除污染物以外,在碳材料活化 PMS 或 PDS 的体系中还发现了多种氧化途径。一方面,在碳纳米管(CNTs)和多孔碳活化 PMS 体系中,材料含有的半醌基团可活化 PMS 产生自由基以降解污染物,但是含有缺陷的石墨烯可诱导非自由基去除污染物。通过理论计算,适度的电子转移趋势及 PMS 分子在材料边缘位置的强吸附作用使得 PMS 没有立即产生自由基而是形成反应中间体,该中间体通过快速电子提取而不是自由基氧化的方式降解富电子有机物(Duan et al., 2015a; Guan et al., 2018)。另一方面,CNT/PDS 体系中的活性氧物质降解污染物的机理较为复杂,且目前研究结果尚存争议。该体系中,SO_4^-• 和单线态氧($^1O_2$)均被鉴定为由醌基团(CNT—C≡O)催化产生的活性物质。前期研究表明,碱性条件下醌类物质能够催化 PDS 产生 $^1O_2$,但部分研究人员认为碳质材料的酮类物质是介导 $^1O_2$ 产生的主要原因且与 pH 无关,还有研究者提出 PDS-CNT 复合物也可在非自由基过程中直接与目标有机物反应,其中导电的碳基质作为所吸附的目标有机污染物(电子供体)和 PDS(电子受体)之间的电荷转移介质(Luo et al., 2022a)。电子顺磁共振(EPR)测试和密度泛函理论(DFT)计算表明,碳晶格上部分水的氧化反应可加速活化 PDS,并伴随着过氧键(O—O)的延长和更多的电子转移产生表面结合态的 SO_4^-•(即活化 PDS 的另一种亚稳态)。CNT 和其他碳同素异形体的物理化学性质(如不同的含氧官能团及表面/边缘的缺陷)主要受其前驱体或合成方法影响,这为定向调控碳材料活性位点提供了基础。此外,CNT 的石墨化程度、手性结构及壁层数(即单壁或多壁)也显著影响其电子传导性和催化性能(Cheng et al., 2019, 2017; Duan et al., 2015a; Ren et al., 2020)。总之,碳材料的构型和维度是影响其催化性能的重要因素。有研究发现,活化 PDS 或 PMS 时,碳构型相比维度效应与活性位点的相关性更强。例如,sp^2 杂化的 CNT 和高 sp^2/sp^3 杂化比的纳米金刚石对 PDS/PMS 的活化能力更强(Shao et al., 2021)。离域 π 电子有利于在晶界处构建富含电子的边缘/空位缺陷及酮基,从而促进碳材料活化 PDS/PMS 的氧化还原反应。同时,碳材料较大的比表面积(SSA)和多孔结构使 PDS/PMS 更容易进入多维支架中的催化位点从而有效促进 PDS/PMS 的活化反应。

(2)改性碳材料。

鉴于原始碳材料的催化性能仍有待提高,众多研究采用热处理和化学手段进行改性,以期优化碳催化剂的晶体和多孔结构及含氧官能团的含量和类型,最终达到促进改性碳材料吸附和催化 PDS 或 PMS 的效果。改性方法主要包括氮、硫、硼等杂原子掺杂，以及复合其他碳材料或金属材料等。

① 杂原子掺杂碳材料：大量研究表明，将杂原子(如 B、N、S 和 P)引入石墨烯等碳材料可达到调整其物理化学性质的目的。引入的外来杂原子具有自己的原子半径和轨道、电子密度和电负性，从而可扰乱 sp^2-杂化碳的电子自旋，打破原始石墨烯的化学惰性(Yu et al., 2020)。研究发现，用 B、P、S 或 I 进行单次掺杂对石墨烯的活化性能没有提升，而采用 N 掺杂则显著增强了其活化 PDS/PMS 的能力(Duan et al., 2015b)。N 可掺杂于碳材料的不同位置形成不同 N 类型，包括石墨烯基面中的石墨 N、在六元环中的吡啶 N 及在五元环中的吡咯 N，从而使 N 修饰后的碳材料性能有所差异。同样的，掺杂了少量吡啶和吡咯 N(0.8%)后的 CNT 表现出比原始 CNT 更好的活化性能，并且在相似掺杂水平下的石墨 N 掺杂可进一步促进 PMS 的活化(Chen and Carroll, 2016; Sun et al., 2014a; Zhang et al., 2021)。

通过对 PMS 吸附在不同 N 掺杂模型上的理论计算表明，石墨 N 具有最大的电子传递能力和最低的吸附能。N 具有较高电负性(χN = 3.04 与 χC =2.55)，掺杂后可以调整相邻碳的电荷分布，这些极化后的碳与 PDS/PMS 中带负电的氧原子表现出更好的键合能力，从而激活或者使 O—O 键断裂，电荷将从富电子的 N 原子通过碳材料—N(−)—C(+)—O(−)—过氧化物桥转移给 PDS/PMS 分子以产生 ROS。具有孤对电子(类似于酮)的吡咯和吡啶 N 可作为不成对的稳定自由基，以捕获过氧化物的亲电物质。此外，与未改性的原始石墨烯相比，给电子基团氨基(—NH$_2$)的表面官能化也可促进石墨烯催化 PDS 的活性，但活性并不如 N 掺杂改性的石墨烯，并且氮氧化物基团(—NO$_x$)的存在也可能削弱碳材料的催化性能(Gao et al., 2020b; Sun et al., 2014a)。

氧化石墨烯(GO)含有较大氧含量(最多可占 40%)，可为 N 掺杂提供开放的平台，这些含氧官能团可直接与 N 前体成键或经热分解后与 N 前体反应而将 N 原子引入碳晶格中。由于 N 掺杂剂具有明显的热稳定性，改变退火温度即可控制 N 掺杂水平和所掺杂 N 的类别(Zhao et al., 2017)。因此，为了获得性能优异的 N-石墨烯，N 前驱物的种类和退火温度极为重要。与无机盐(NH$_4$NO$_3$ 和 NH$_4$Cl)和有机化合物(三聚氰胺和氰胺)相比，尿素被认为是最有前景的 N 前驱体(Luo et al., 2022a)。尿素的热分解会产生气态 CO$_2$(结构和化学改性剂)和 NH$_3$(还原剂和掺杂剂)，可优化碳的多孔结构、N 的掺杂水平、碳结构还原度及表面酸碱度。

另外，N-石墨烯活化 PDS 或 PMS 的体系可以诱导非自由基反应。即使是少量的 N 掺杂(0.8%原子)也可以显著促进苯酚分解并且将氧化途径从自由基过程(CNT/PMS)转变为非自由基氧化过程(N-CNT/PMS)(Cheng et al., 2019)。PDS/PMS 作为电子受体与 N 掺杂剂相邻带正电的碳原子形成亚稳态中间体(过硫酸盐-碳材料)或表面自由基，亚稳态中间体随后以碳晶格为介质传递电子或内圈相互作用(氧化剂-有机键)通过电子提取过程氧化作为电子供体的有机污染物。此外,与倾向于攻击具有不饱和键和芳香结构的 $SO_4^-\cdot$ 及非选择性$\cdot OH$ 不同,该非自由基活性物质被限制在碳材料界面并只对特定的有机物表现出一定的氧化潜力,因此有机物的结构性质对非自由基反应的氧化效率有一定的影响(Zhang et al., 2021)。在 N-CNT/PDS 降解酚类化合物体系中发现酚类物质在 N-CNT 上的吸附能力与其降解效率存在线性相关,吸附过程是去除酚类物质的限速步骤。

此外,非自由基过程中氧化能力的阈值由污染物的电离电势及第一步氧化产物的氧化还原状态(redox state)共同限定,本质是由有机污染物的芳香环上取代基的给电子/吸电子性质决定(Tian et al., 2022)。因此,富电子有机污染物(如酚类、抗生素和染料等)的电荷密度对其在碳材料表面的吸附和过硫酸盐-碳复合物的非自由基降解反应具有重要影响。

② 硼/硫和氮共掺杂:最近的研究表明,引入除 N 以外的第二杂原子可在石墨烯上产生新的特征。例如,引入 0.1%(质量分数)的 B 原子可有效促进 N-石墨烯对 PMS 的活化作用,但是当 B 的含量增加到 0.25%时,则会产生抑制作用(Chen et al., 2019a)。实验和理论计算研究均揭示了 B 和 N 的协同作用是由 B 相对于碳网格中 N 的位置和负载量决定的,在共轭 π 电子网络中形成紧密的 B-C-N 异质结构可以极大地激活 C 和 B 产生偶联效应,同时抑制处于邻位的电荷供体 N 和电荷受体 B 的直接中和,以保持两个活跃中心。共掺杂剂可导致偶极矩的产生,其中 B 原子促进材料与 PDS 的化学成键,N 则有助于电荷的转移,二者协同促使碳材料活化性能进一步提升。

另外,S 和 N 的共掺杂也表现出协同效应,对碳材料的催化性能产生促进作用(Ma et al., 2019)。这主要是由于 N 掺杂通过扰乱均匀 sp² 杂化碳结构的自旋和电荷分布来有效地破坏石墨烯的化学惰性,而在几何缺陷处掺杂适量 S 可以进一步调节石墨烯的电子分布,S 以更高的电子和自旋密度激活与 N 相邻的碳原子,从而促使 PMS 更高效地产生活性物质。此外,通过共掺杂产生的协同效应使带正电的区域显著扩大,这有利于为碳材料与有机物质和 PDS/PMS 的相互作用提供更大的催化区域以加速吸附和氧化过程,然而,S 掺杂剂的过量负载则会抑制协同效应。因此,为了获得理想的催化作用,掺杂剂的量和分布位置应该在单掺杂或双掺杂过程中进行针对性的调控。

③ 碳/碳复合材料:由初级纳米碳材料来构建复合纳米碳材料能够扩大催化位点的数量并获得特定催化中心。例如,金刚石纳米晶体(5~10 nm)的热退火处理使得金刚石外圈(sp^3-杂化碳)消失并再生为应变石墨层(sp^2-杂化碳),使其形成特征性的核/壳结构(Duan et al., 2018)。石墨化纳米金刚石(G-ND)具有石墨烯基材料的物理化学性质,同时,内核金刚石使弯曲的石墨烯具有新的性质。该 sp^2/sp^3

的杂交结构使非金属催化剂具有了新特征：纯 sp^3 杂化的原始纳米金刚石(ND)对 PDS/PMS 的活化性能不佳,而 G-ND 则显示出优异的 PDS/PMS 活化性能(图2-7)。热处理可去除覆盖在 ND 上的无定形碳和灰分,并调整复合材料中石墨壳的还原性,以便将电子转移到 PDS/PMS 中产生活性物质。在 G-ND/PDS 体系中,PDS 被激活为亚稳态 PDS-碳络合物或 G-ND 表面 $SO_4^-\cdot$。石墨层则作为电子通道使电荷可快速从吸附的有机物质到表面结合的活性物质,该过程为非自由基氧化有机污染物过程。实验和理论计算预测揭示了 G-ND/PMS 体系中结构-活性的化学协同作用,自由基淬灭实验和材料表征结果表明,更高的退火温度将产生更多的石墨壳,并将自由基主导的氧化过程(S-ND-900)转化为非自由基路径(S-ND-1100)。理论计算表明,金刚石核心会激发电子通过强共价键结合到具有单层石墨烯/金刚石的石墨壳上,这导致碳球的电子数量更密集并将促进电荷迁移到 PMS 上以产生 $SO_4^-\cdot$。然而,电子不能穿透多壳三层石墨烯/金刚石模型,从而在复合物的最外层对 PMS 产生更大的吸附能,形成表面活性复合物以进行非自由基过程氧化有机污染物。通过 N 掺杂进一步改性石墨壳可以从金刚石基板吸引更多的电荷,从而产生用于强化碳材料催化的高反应性表面。

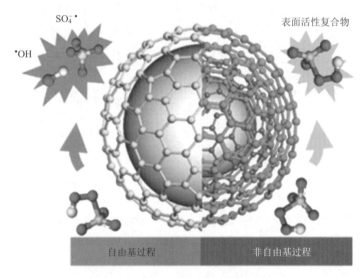

图 2-7　不同碳层结构的金刚石活化 PMS 机理图

图中数据来自 Duan 等(2018)

4) 金属/非金属复合材料

金属/非金属复合材料是近年来研究较多的催化材料。其中非金属材料担任负载材料角色,通常为上述碳材料或矿物材料,主要研究的复合材料有生物炭、石墨烯等碳材料负载纳米零价铁(nFe^0)、纳米四氧化三铁(nFe_3O_4)、四氧化三钴

（Co_3O_4）、铁氧体（$CoFe_2O_4$、$CuFe_2O_4$ 等）等纳米金属材料（Cai et al., 2020; Chen et al., 2018; Dong et al., 2022; Fan et al., 2021; Gu et al., 2018; Li et al., 2020a; Nguyen et al., 2019; Ouyang et al., 2017; Wu et al., 2018; Yang et al., 2020; Yao et al., 2022; Ye et al., 2021），以及 SiO_2、沸石、蒙脱石、凹凸棒石等矿物材料负载这些纳米金属材料（Diao et al., 2016a, 2016b; Dong et al., 2019; Huang et al., 2020; Ji et al., 2022; Li et al., 2020b; Wu et al., 2019; Yu et al., 2021; Zhang et al., 2022）。这些复合材料主要具有如下优势：①有效分散纳米金属颗粒，抑制金属颗粒团聚效应，从而提升其反应活性；②碳材料或矿物材料常具有较强吸附能力，使得复合材料常具有吸附-催化多功能特性，促进污染物、PDS 或 PMS 的物相转移和反应。

2.2.5　基于臭氧的活化体系

和前述活化过氧化物和过硫酸盐高级氧化体系类似，基于臭氧的高级氧化活化体系也可分为均相活化和非均相活化两种体系，均相活化体系即通过引入紫外线、超声等方式促进臭氧的分解产生活性氧物质，机理与均相活化过氧化物和过硫酸盐类似。考虑到臭氧极低的水溶解度，其均相活化体系在污染场地修复中的应用范围较窄，本小节主要介绍其非均相活化体系，即采用金属或非金属固体颗粒促使臭氧高效分解产生活性氧物质，常用的活化剂有碳材料、金属氧化物、矿物质及负载型材料等。

1. 金属氧化物

Al_2O_3、TiO_2、MnO_2、FeOOH 及双金属氧化物 $CuAl_2O_4$ 和 Fe-Cu-O 等是常见的臭氧催化剂。催化臭氧的性能很大程度上依赖于氧化物的表面官能团（如羟基官能团）和催化剂表面特性（如路易斯和布朗斯特酸性位点）（Carr and Baird, 2000）。其中，锰氧化物是研究较早的臭氧催化剂，它具有不同氧化还原价态、低水溶性、经济环境友好等特性。作为污染物在光催化降解中常见的催化剂，TiO_2 也在催化臭氧的过程中得到了一些关注，研究表明，其表面羟基、晶形结构及氧空穴的数量对臭氧的分解起着重要作用。

铁氧化物（如 Fe_3O_4 等）由于其储量多、低毒，以及含有丰富的表面羟基（FeOOH）和特有的磁性在催化臭氧分解研究中得到了广泛的关注（Wang and Bai, 2017）。研究表明，FeOOH 表面羟基可以促进•OH 的生成，如图 2-8 所示，反应过程中，溶液的 pH 控制着 FeOOH 表面官能团而成为影响 FeOOH 催化性能的主要因素。此外，Zhu 等（2017）合成的有序多孔 Fe_3O_4 表现出优异的催化臭氧分解功能，并能有效降解水中的阿特拉津，其中 Fe^{2+}/Fe^{3+} 的循环是促进•OH 生成的主要原因，如式（2-87）～式（2-89）所示。

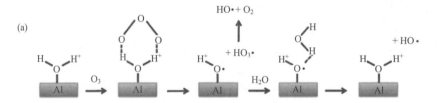

图 2-8　FeOOH 促进·OH 产生机制

$$Fe^{2+} + O_3 \longrightarrow FeO^{2+} + O_2 \tag{2-87}$$

$$FeO^{2+} + H_2O \longrightarrow Fe^{3+} + \cdot OH + OH^- \tag{2-88}$$

$$Fe^{3+} + O_3 + H_2O \longrightarrow FeO^{2+} + \cdot OH + O_2 + H^+ \tag{2-89}$$

与 FeOOH 相似，γ-Al$_2$O$_3$ 中的路易斯酸性位点 AlOH(H$^+$) 和碱性位点 AlOH 也可促进臭氧分解过程中·OH 的产生(图 2-9)，进而促进有机污染物的降解。

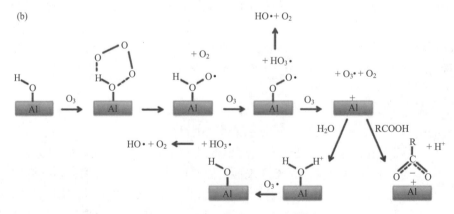

图 2-9　γ-Al$_2$O$_3$ 促进·OH 产生机制

MgO 具有较高的活性和丰富的碱性位点，在催化臭氧促进污染物降解时有以下两种路径。

（1）在 MgO 表面促进污染物直接与臭氧发生反应：

$$\equiv MgO\text{—}O_3 + 污染物 \longrightarrow H_2O + CO_2 + 中间产物 \tag{2-90}$$

$$\equiv MgO\text{—}污染物 + O_3 \longrightarrow H_2O + CO_2 + 中间产物 \tag{2-91}$$

（2）在 MgO 表面促进污染物与·OH 的反应：

$$MgO + O_3 \longrightarrow \equiv MgO\text{—}O\bullet + O_2 \tag{2-92}$$

$$\equiv MgO\text{—}O\bullet + 2H_2O + O_3 \longrightarrow \equiv MgO\text{—}(\bullet OH)_2 + 2\bullet OH + O_2 \tag{2-93}$$

$$\equiv MgO\text{—}(\bullet OH)_2 + 污染物 \longrightarrow H_2O + CO_2 + 中间产物 \tag{2-94}$$

$$\equiv MgO\text{—}污染物 + \bullet OH \longrightarrow H_2O + CO_2 + 中间产物 \tag{2-95}$$

研究还表明，MgO 的晶面是影响其催化效率的重要因素，在催化臭氧降解 4-氯酚的研究中发现不同晶面 MgO 的催化性能顺序为 MgO（200）< MgO（110）< MgO（111）（Chen et al., 2015）。

近年来，双金属物质因其可与贵金属媲美的高活性和稳定性而在非均相活化臭氧体系中获得格外关注。例如，由于表面 Cu^{2+} 和 Al^{3+} 的协同作用，使得 $CuAl_2O_4$ 催化臭氧的性能高于 CuO 和 Al_2O_3，反应机理如式（2-96）～式（2-108）所示（Xu et al., 2019）。

$$\equiv Cu^{2+} + H_2O \longrightarrow \equiv Cu^{2+}\text{—}{}^-OH + H^+ \tag{2-96}$$

$$\equiv Cu^{2+}\text{—}{}^-OH + O_3 \longrightarrow \equiv Cu^{2+}\text{—}O_3^-\bullet + \bullet OH \tag{2-97}$$

$$\equiv Cu^{2+}\text{—}O_3^-\bullet + H_2O \longrightarrow \equiv Cu^+ + 2HO_2\bullet \tag{2-98}$$

$$HO_2\bullet \longrightarrow H^+ + \bullet O_2^- \tag{2-99}$$

$$\equiv Cu^+ + O_3 \longrightarrow \equiv Cu^{2+}\text{—}O_3^-\bullet \tag{2-100}$$

$$\equiv Cu^{2+}\text{—}O_3^-\bullet + H^+ \longrightarrow \equiv Cu^{2+} + \bullet OH + O_2 \tag{2-101}$$

$$\equiv Al^{3+} + H_2O \longrightarrow \equiv Al^{3+}\text{—}{}^-OH + H^+ \tag{2-102}$$

$$\equiv Al^{3+}\text{—}{}^-OH + O_3 \longrightarrow \equiv Al^{3+}\text{—}HO_2\bullet + \bullet O_2^- \tag{2-103}$$

$$\equiv Al^{3+}\text{—}HO_2\bullet + O_3 \longrightarrow \equiv Al^{3+}\text{—}HO_3\bullet + O_2 \tag{2-104}$$

$$\equiv Al^{3+}\text{—}HO_3\bullet \longrightarrow \equiv Al^{3+} + \bullet OH + O_2 \tag{2-105}$$

$$\equiv Al^{3+}\text{—}{}^-OH + O_3 \longrightarrow \equiv Al^{3+}\text{—}O + OH^- + O_2 \tag{2-106}$$

$$\equiv Al^{3+}—O + H_2O \longrightarrow \equiv Al^{3+} + 2\cdot OH \tag{2-107}$$

$$\equiv Al^{3+}—O + O_3 \longrightarrow \equiv Al^{3+} + 2O_2 \tag{2-108}$$

不同金属组合的催化性能会有所差异。Liu 等（2018b）合成了 $CoFe_2O_4$、$CuFe_2O_4$、$NiFe_2O_4$ 和 $ZnFe_2O_4$，发现它们催化臭氧降解污染物的性能从高到低为 $CuFe_2O_4 > NiFe_2O_4 > CoFe_2O_4 > ZnFe_2O_4$；但 Zhang 等（2017a）的研究得出的结果却是 $CoFe_2O_4 > NiFe_2O_4 > CuFe_2O_4 > ZnFe_2O_4$，这说明不同的合成条件会影响双金属材料的催化性能。不过，这类双金属材料结构类似，其活化臭氧的机理也比较相似，以 $CuFe_2O_4/O_3$ 体系为例，催化机理如图 2-10 所示（Zhang et al., 2018a）。

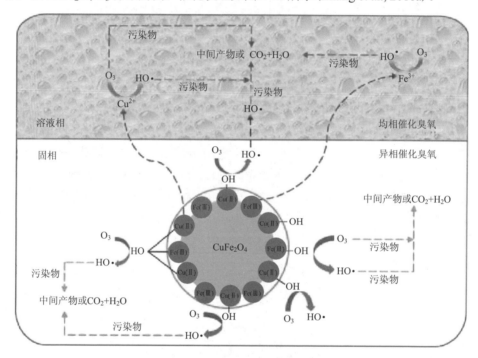

图 2-10　$CuFe_2O_4$ 催化臭氧降解污染物过程

图中数据来自 Zhang 等（2018a）

表 2-13 总结了近年来研究中常见的臭氧金属氧化物催化剂。

2. 负载改性金属或金属氧化物复合材料

为了进一步提高金属和金属氧化物催化臭氧的活性，可将其负载在分子筛上以增加表面积和表面位点。例如，研究发现 MnO_x 负载在 SBA-15 上可大大提高污染物降解过程中总有机碳（TOC）的去除率，这可能是由于产生较多·OH 以及与污染物在分子筛上的吸附有关，催化臭氧及污染物降解机理如图 2-11 所示（Sun et al., 2014b）。

表 2-13　常见臭氧金属氧化物催化剂研究汇总

催化剂	去除污染物	实验条件	去除率/%
锰基（α 或 δ-MnO_2）	双酚 A、4-硝基酚、苯酚	催化剂 0.05～0.1 g/L，污染物 50～300 mg/L，反应时间 20～60 min，臭氧 2～4 mg/L 或 0.8～5 mg/min	68.2～100
TiO_2	卡马西平、萘普生、硝基苯、邻甲苯胺、4-氯硝基苯	催化剂 0.001～1 g/L，污染物 0.06～15 mg/L，反应时间 20 min，臭氧 0.367～40 mg/L	60～73
铁基（FeOOH、Fe_3O_4、α 或 β-FeOOH、微米 Fe）	草酸、硝基苯、阿特拉津、对硝基酚、4-氯酚	催化剂 0.1～40 g/L，污染物 10^{-6}～10^{-3} mol/L，反应时间 2～60 min，臭氧 1.2～7.6 mg/L 或 0.45～0.6 mg/min	54～95
铝基（γ-Al_2O_3、γ-AlOOH、纳米全氟辛基氧化铝）	双酚 A、2,4-二甲基酚、甲基叔丁基醚、2,4,6-三氯苯甲醚、2-异丙基-3-甲氧基吡嗪	催化剂 0.2～1.0 g/L，污染物 0.025～50 mg/L，反应时间 10～90 min，臭氧 10^{-6}～4.5 mg/L	80～100
镁基（MgO、纳米 MgO）	4-氯酚、喹啉、对乙酰氨基酚、2,4-二氯酚、甲硝唑、硝基苯	催化剂 0.003～1.0 g/L，污染物 20～100 mg/L，反应时间 15～50 min，臭氧 2.5～8.3 mg/L	93～100
双金属催化剂（Ce-Fe、Zn-Al、Mg-Fe、Ga-Mn、Mg-Ce、Fe-Cu）	苯酚、磺胺二甲嘧啶、5-磺基水杨酸、酸性橙染料、4-硝基酚、安替比林、酸性红 B	催化剂 0.1～1.0 g/L，污染物 10～500 mg/L，反应时间 10～60 min，臭氧 5～20 mg/L 或 0.75～5 mg/min	64～100

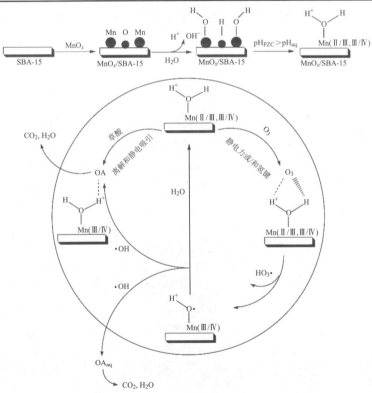

图 2-11　MnO_x/SBA-15 催化臭氧降解草酸

图中数据来自 Sun 等（2014b）

表 2-14 总结了近年研究中常用的负载改性金属或金属氧化物复合催化剂及其活化臭氧的应用。

表 2-14　常用负载改性金属或金属氧化物的臭氧催化剂

催化剂	去除污染物	实验条件	去除率/%
碳材料负载金属 (Fe$_3$O$_4$/MWCNT、Fe-Ni/AC、Fe$_2$O$_3$/AC、MnOx/AC)	草酸、邻苯二甲酸二甲酯、2,4-二氯苯氧基乙酸	催化剂 0.1~0.7 g/L，污染物 10~80 mg/L，反应时间 30~60 min，臭氧 0.8~4.8 mg/min 或 5.0 mg/L	72~96
多孔矿物负载金属	诺氟沙星、布洛芬	催化剂 0.1~1.35 g/L，污染物 10 mg/L，反应时间 60 min，臭氧 1.7 mg/min 或 30 mg/L	54~90

3. 碳材料

相比于金属材料而言，碳材料表面官能团更为丰富，而且通常具有大比表面积使其吸附-氧化协同降解目标污染物的潜力巨大。例如，在活性炭催化 O$_3$ 降解 p-硝基酚过程中，吸附-氧化的协同作用使得降解效率更高。此外，氧化石墨烯材料中的结构空穴和边缘可将 O$_3$ 分解为活性氧物质从而降解污染物。碳材料存在下 O$_3$ 分解及有机物降解过程如式(2-109)~式(2-113)所示(Beltrán et al., 2019)。

$$O_3 + 碳材料 \longrightarrow \cdot OH \tag{2-109}$$

$$O_3 + 碳材料 \longrightarrow \equiv 碳材料—O \tag{2-110}$$

$$\equiv 碳材料—O + \equiv 碳材料—污染物 \longrightarrow 降解产物 \tag{2-111}$$

$$\equiv 碳材料—污染物 + O_3 / \cdot OH \longrightarrow 降解产物 \tag{2-112}$$

$$\cdot OH + 污染物 \longrightarrow 降解产物 \tag{2-113}$$

表 2-15 总结了研究中常见的 O$_3$ 碳材料催化剂。

表 2-15　常见 O$_3$ 的碳材料催化剂

催化剂	去除污染物	实验条件	去除率/%
(多壁)碳纳米管	磺胺甲噁唑、甲基橙、草酸	催化剂 0.01~0.14 g/L，污染物 20~90 mg/L，反应时间 2~40 min，臭氧 2~50 mg/L 或 20 mg/min	6~100
氧化石墨烯	对羟基苯甲酸	催化剂 0.2 g/L，污染物 5 mg/L，反应时间 60 min，臭氧 20 mg/L	95

4. 矿物材料

低成本的矿物材料，如赤泥、黏土矿物、赤铁矿等，近年也在催化臭氧的研究中得到了格外的关注。如 Ikhlaq 等(2014)研究发现沸石 ZSM-5 可作为 O_3 的储存库和有机污染物的吸附剂，从而促进 O_3 直接与污染物反应，且其活性与其疏水性相关，反应机理如图 2-12 所示。

表 2-16 总结了研究中常见的可催化 O_3 分解的矿物材料。

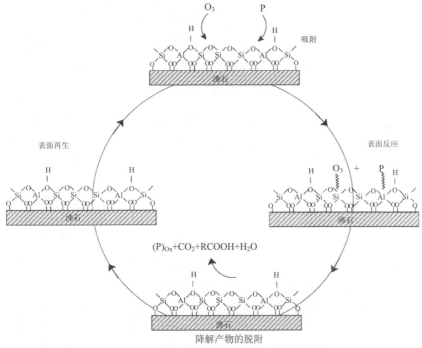

图 2-12　沸石 ZSM-5 催化 O_3 降解污染物机制图

图中数据来自 Ikhlaq 等(2014)

表 2-16　常见催化 O_3 分解的矿物材料

催化剂	去除污染物	实验条件	去除率/%
沸石(ZSM-5、Z4A、Y 型和斜发沸石)	苯酚、硝基苯、对乙酰氨基酚、萘啶酸	催化剂 1~11 g/L，污染物 20~100 mg/L，反应时间 45~60 min，臭氧 0.25~5 mg/min，	51~90
电气石	阿特拉津	催化剂 1.0 g/L，污染物 1.1 mg/L，反应时间 10 min，臭氧 3.0 L/L	98
天然玛瑙石	N,N-二甲基乙酰胺	催化剂 3.5 g/L，反应时间 20 min，臭氧 0.3 L/min	95
铝土矿	2,4,6-三氯苯甲醚	催化剂 0.2 g/L，污染物 10^{-4} mg/L，反应时间 10 min，臭氧 0.5 mg/L	95

5. 过臭氧化技术

1982 年，Staehelin 和 Hoigne 首次提出过臭氧化技术，H_2O_2 是臭氧氧化过程的中间产物之一（Staehelin and Hoigne, 1982）。随着研究的深入，发现中间产物 H_2O_2 可以快速实现 O_3 的分解并生成•OH，这为基于耦合 H_2O_2 与臭氧活化体系的过臭氧化技术发展奠定了基础。过臭氧化体系可经过复杂的链式反应产生•OH，围绕臭氧至•OH 的转化率是 100%还是 50%的科学问题，按照研究时间顺序，机理如下。

机理一：O_3 与 H_2O_2 首先发生电子转移的反应，生成 HO_2• 和 O_3^-•，前者与 O_2^-• 之间存在化学平衡，而 O_2^-• 与 O_3 的反应速率极快（$k=1.5×10^9\ L·mol^{-1}·s^{-1}$），可顺利生成 O_3^-•，随后 O_3^-•经质子化和解离过程最终生成•OH［式（2-114）～式（2-119）］。

$$O_3 + H_2O_2 \longrightarrow O_3^- • + HO_2• + H^+ \tag{2-114}$$

$$HO_2• \rightleftharpoons O_2^- • + H^+ \tag{2-115}$$

$$O_2^- • + O_3 \rightleftharpoons O_2 + O_3^- • \tag{2-116}$$

$$O_3^- • + H^+ \longrightarrow HO_3• \tag{2-117}$$

$$HO_3• \rightleftharpoons O_2 + •OH \tag{2-118}$$

合并以上化学反应方程式后发现 O_3 和•OH 是 1：1 的计量关系。

$$2O_3 + H_2O_2 \longrightarrow 3O_2 + 2•OH \tag{2-119}$$

机理二：Sein 等（2007）的研究中根据动力学同位素效应数据发现了 O_3 与 H_2O_2 可形成 HO_5^- 加合物，并且 Fischbacher 等（2013）在对 4-氯苯甲酸、4-硝基苯甲酸和阿特拉津三种有机物的降解研究中发现，相同 O_3 浓度下，过臭氧化过程的处理效率只有光辐射臭氧过程（O_3 完全转变为•OH）效率的 50%，因此认为过臭氧化过程中 O_3 与•OH 的计量比应为 1：0.5。该机理为：首先 O_3 与 H_2O_2 形成 HO_5^- 加合物，随后 HO_5^- 通过两种途径进行分解，分别生成 HO_2•、O_3^-•和基态 O_2 及 OH^-，这两种途径虽然在热力学上自由能存在较大的差距（$G^0 = 13.2\ kJ/mol$, $G^0 = -197\ kJ/mol$），反应可能存在先后顺序，但是前者只涉及单键的断裂，而后者却是多个键的断裂与重排，因此从热力学和量子力学角度综合考虑，两种路径按 50%的概率发生是可能的。

$$O_3 + H_2O_2 \longrightarrow HO_5^- + H^+ \tag{2-120}$$

$$HO_5^- \rightleftharpoons O_3^- • + HO_2• \tag{2-121}$$

$$HO_5^- \rightleftharpoons 2O_2 + OH^- \tag{2-122}$$

$$O_3^- \cdot \rightleftharpoons O_2 + O^- \cdot \tag{2-123}$$

$$O^- \cdot + H_2O \rightleftharpoons OH^- + \cdot OH \tag{2-124}$$

目前，对于过臭氧化过程，机理二的认可度较高。

过臭氧化技术最初被用于一些简单有机物的降解，如含有丙酮、甲苯、氨类物质和微生物的废水。O_3 与 H_2O_2 浓度之间存在最佳值，但该最佳值并不恒定，而是受目标有机污染物的显著影响。相对于单纯 O_3 或 H_2O_2 氧化技术，过臭氧化技术在废水处理中具有独特的优势，在 20 世纪 90 年代，美国建立了基于过臭氧化和生物过滤技术的河水净化中试装置。进入 21 世纪后，过臭氧化技术的应用范围逐渐拓宽，如染料、造纸、生物医药废水等。目前研究表明，过臭氧化技术可处理的有机污染物有环丙沙星等抗生素、西玛津等除草剂、炼油行业中典型的挥发性有机物苯系物等。

为了增强过臭氧化技术处理有机污染物的效率，可采取紫外线及电化学等强化措施。在过臭氧化技术中引入紫外线后，由于紫外线可分解 O_3 和 H_2O_2 产生额外的 $\cdot OH$，会显著提升有机污染物的处理效率。

$$H_2O_2 + h\nu \longrightarrow 2\cdot OH \tag{2-125}$$

$$2O_3 + H_2O_2 + h\nu \longrightarrow 2\cdot OH + 3O_2 \tag{2-126}$$

在电化学氧化过程中，阴极发生 O_2 的还原反应。途径有两条：一是 O_2 得到 4 个电子生成 H_2O，二是 O_2 得到 2 个电子生成 H_2O_2[式(2-127)]，反应路径可通过电极材料进行调控，即选择合适的阴极材料可实现 H_2O_2 的原位产生。2013 年，Yuan 等第一次提出电化学与臭氧耦合的技术，依靠炭黑阴极还原 O_2 原位生成 H_2O 继而与 O_3 发生过臭氧化反应而用于有机污染物降解，其将该技术命名为电化学-过臭氧化技术(Yuan et al., 2013)。该技术巧妙地利用了制备 O_3 所排出的大量 O_2，而且避免了过臭氧化技术中 H_2O_2 运输和储存带来的安全风险。但是该光电辅助法并不适用于污染场地土壤和地下水的原位修复过程，所以目前该技术更多地用于污水的处理。

$$O_2 + 2H^+ + 2e^- \longrightarrow H_2O_2 \tag{2-127}$$

2.3　高级氧化技术去除污染物机理

2.3.1　有机污染物去除机理

常见有机污染物可分为芳香类化合物、脂肪烃类化合物、农药、染料、药物及内分泌干扰物等新型污染物，该类污染物常有难生物降解、毒性强、环境迁移性强等性质，对生态环境及人体健康有不同程度的危害。因高效及反应彻底等优势，高级氧化技术成为去除这类污染物的有效手段，而污染物种类及性质存在较大差异，采用的高级氧化技术和对其的去除机理也随之不同。在应用过氧化物活化体系的高级氧化技术中，有机污染物及其反应中间产物的归趋在本质上与·OH的反应密切相关。研究发现，·OH与有机污染物的反应机理可能为生成碳中心自由基，反应途径可能为在C—H、N—H、O—H发生氢提取反应或者加成至C═C、苯环，最终都生成碳中心自由基中间体以降解污染物，反应如下(Pignatello et al., 2006)：

$$R—H+·OH \longrightarrow R·+H_2O \tag{2-128}$$

$$C═C+·OH \longrightarrow HO—C—C· \tag{2-129}$$

$$·OH + \rightleftharpoons \tag{2-130}$$

研究发现，·OH与有机污染物反应的二级动力学常数通常在 $10^7 \sim 10^{10}$ L/(mol·s)。当反应体系中存在氧气时，以上反应中产生的自由基会与氧气反应生成 $HO_2·/O_2^-·$、过氧自由基(R—OO·)或者氧自由基(R—O·)：

$$R·+O_2 + H^+ \longrightarrow R^+ + HO_2· \tag{2-131}$$

$$R·O_2 \longrightarrow R—OO· \longrightarrow R—O· \tag{2-132}$$

相比于·OH，$HO_2·/O_2^-·$对大部分有机污染物的反应活性要低很多，它们可以将R—OO·还原成ROOH，且$HO_2·$的反应速率常数比O_2^-低一个数量级。$O_2^-·$为强还原性物质(还原电位−0.16 V)，可还原醌类物质为半醌自由基离子。$HO_2·$的反应机理可能为氢提取反应，只不过反应速率很低。$O_2^-·$不是有效的单电子氧化剂，这是由于反应中间体超氧离子(O_2^{2-})不稳定，特别是在非质子溶剂里，$O_2^-·$为很强的亲核试剂。与·OH类似，作为亲电试剂的$SO_4^-·$与有机化合物的反应机理主要有氢提取、亲电加成和电子转移。同时由于其亲电性，带供电子官能团的化合物与$SO_4^-·$的反应速率要明显快于其与带吸电子官能团的化合物的反应速率(Matzek and Carter, 2016)，因此·OH、$SO_4^-·$等ROS与有机污染物之间的化学反应与污染物本身性质也有较大关系。

1. 芳香类化合物

芳香类化合物为最常见的有机污染物之一，其种类丰富，主要包括苯酚、氯苯酚、硝基苯、硝基苯酚、苯胺、氯苯甲酸等，广泛应用在杀虫剂、除草剂、染料、药品等合成过程，大部分具有强毒性、潜在致癌性及难微生物降解性等性质，对人体健康和生态环境都有较大危害。大量研究表明，基于•OH 的高级氧化体系常通过•OH 的亲电取代和亲电加成与有机污染物反应，芳香类化合物的降解过程主要包括芳香环上取代基团的氧化、开环生成小分子有机酸及矿化产生二氧化碳等过程。例如，•OH 首先通过亲电加成与苯酚生成二羟基环己二烯基自由基，在氧气作用下，进一步生成对苯二酚和邻苯二酚，并被•OH 氧化生成苯醌，最终开环生成不饱和羧酸及小分子有机酸(Wang and Xu, 2012)，如图 2-13 所示。

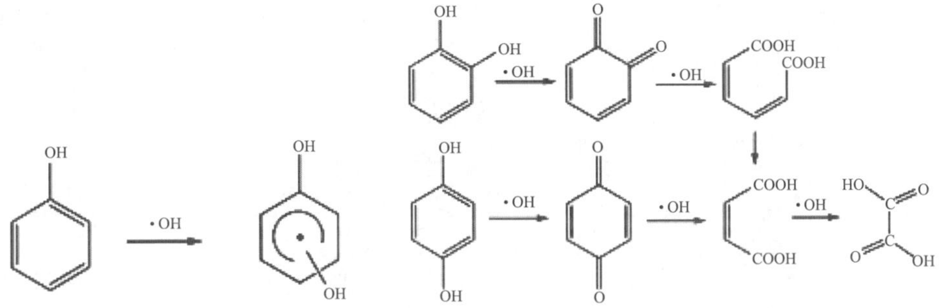

图 2-13　苯酚与•OH 的反应机理

Shen 等(2008)采用 O_3/•OH 体系氧化对氯硝基苯(p-CNB)，通过检测反应过程中的中间产物，提出•OH 与 p-CNB 的可能反应机理为：•OH 首先发生苯环上的取代反应，生成多种酚类物质，酚类物质再开环生成多种羧酸类物质，最后被矿化成二氧化碳和水。如图 2-14 所示，•OH 与 p-CNB 的 π 电子快速反应生成 π 复合物，•OH 继续与苯环上碳原子反应生成 σ 复合物，苯环碳原子的 sp^2 杂化轨道变为 sp^3 杂化轨道，苯环的六个 π 电子中有一对转移到碳原子上，另外四个电子则离域至由其他五个碳形成的电子缺乏共轭体系中，并产生环己烷自由基中间体。根据亲电取代的轨道规则，常规亲电试剂应取代 p-CNB 苯环上的间位氢原子，生成 2-氯-5-硝基苯酚，但是气相色谱–质谱法(GC-MS)检测出的中间产物中不仅有 2-氯-5-硝基苯酚，还有其他酚类中间产物，表明•OH 在苯环上发生取代或加成的概率均等，这可能是因为•OH 有不同于常规亲电试剂的强电子亲和力(569.3 kJ/mol)，远高于生成大部分中间产物所需的活化能。另外该研究中，体系中 Cl^- 及 NO_3^- 增加的浓度与 p-CNB 减少的浓度基本相等，表明•OH 可能无选择性地取代 p-CNB 苯环上的取代基，产生各种酚类物质(如对氯苯酚等)。

氯苯(MCB)等氯代芳香有机物同样作为中间体广泛用于合成多样的化工品。有研究利用 Fe^{2+} 活化过碳酸钠(SPC)体系去除氯苯，并探讨了其中氯苯的降解机理，指出反应体系中•OH 为主要的自由基物质，但是 O_2^-• 和 $^1O_2$ 也参与了反应。反应初始阶段可能存在两种 MCB 的降解路径：①•OH 攻击 MCB 苯环，通过亲电加成生成氯酚；②•OH 可能直接取代氯取代基生成苯酚，随后苯酚与氯酚被转化

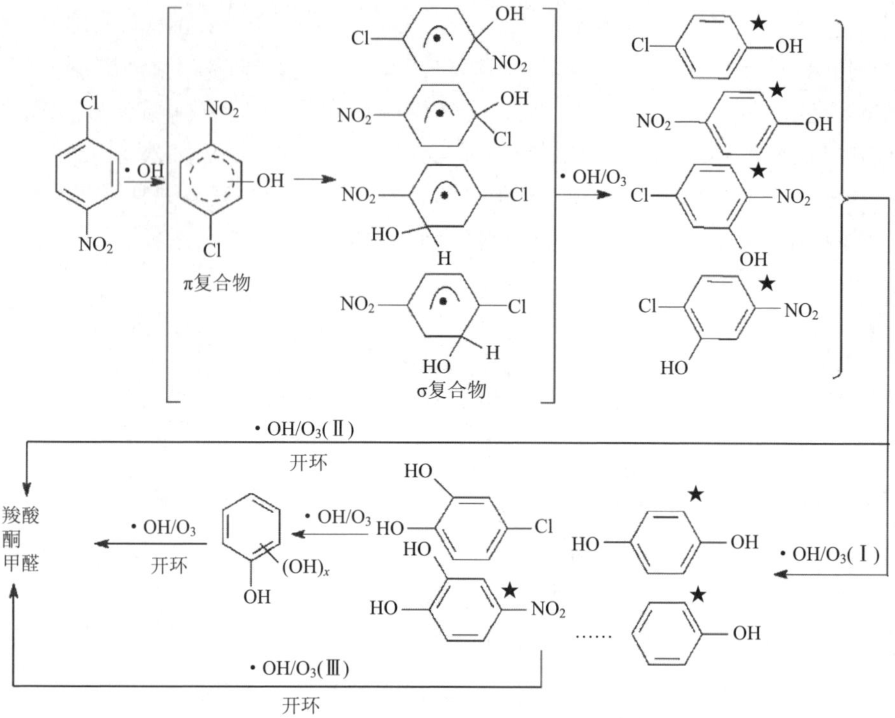

图 2-14 对氯硝基苯在 O_3/·OH 体系中的可能降解路径

图中数据来自 Shen 等(2008)

成二羟基苯酚、苯醌,之后开环生成脂肪烃类物质,最终矿化成二氧化碳(图 2-15)(Yang et al., 2020; Zhang et al., 2017b)。与之类似,•OH 去除氯苯的两种降解路径在 Augusti 等(1998)的研究中也有报道,并且他们还对比研究了多种含不同取代基的芳香化合物被•OH 降解去除的反应活性,依据其与•OH 的反应速率常数大小(表 2-17),可知其反应活性大小顺序为氯苯>溴苯>苯>甲苯>甲氧基苯>硝基苯>苯酚。同时,取代基在反应过程中的电子效应可用哈米特(Hammett)方程研究,方程如下:

$$\lg k_X/k_H = \rho\sigma_X \tag{2-133}$$

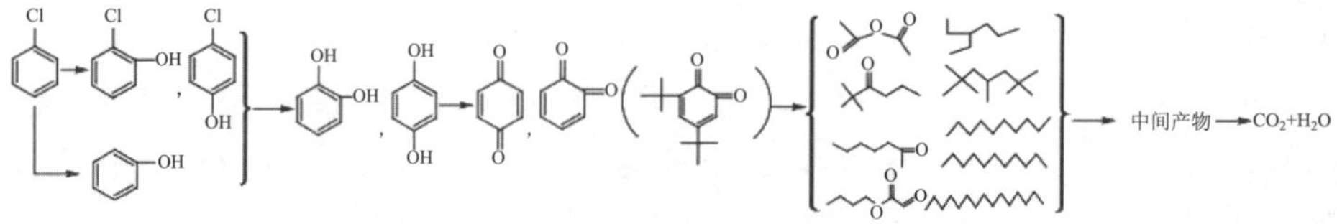

图 2-15 Fe^{2+}/SPC 体系降解 MCB 的可能途径

图中数据来自 Zhang 等(2017b)

式中，k_X 指带 X 取代基的化合物的反应常数；k_H 则指该化合物没有取代基时对应的反应常数；σ_X 为取代常数（即 Hammett 系数）；ρ 为比例因子，其对于某一给定反应来说为常数。

若 $\lg k_X/k_H$ 与 σ_X 呈现明显的线性关系，则表明取代基的电子效应对化合物的化学反应有较大影响，如在 Augusti 等(1998)的研究中，除硝基苯以外，其余如氯苯、溴苯、甲苯、甲氧基苯、苯酚等苯取代化合物的 $\lg k_X/k_H$ 与 σ_X 之间呈现较好的线性关系，表明氯、溴、甲基、甲氧基、羟基等取代基对相应苯取代化合物的苯环与•OH 的反应具有较强电子效应。表 2-17 列出了 Fenton 体系中多种芳香类化合物的反应速率常数 k 值。

表 2-17　Fenton 体系中多种芳香类化合物的反应速率常数 k 值

芳香类化合物	$k/10^{-2}\text{min}^{-1}$	芳香类化合物	$k/10^{-2}\text{min}^{-1}$
氯苯	8.20	甲氧基苯	2.70
溴苯	7.40	硝基苯	2.60
苯	5.30	苯酚	1.80
甲苯	3.10		

注：$[H_2O_2]=8$ mmol/L, $[Fe^{2+}] = 0.1$ mmol/L, [芳香类化合物] = 0.2 mmol/L；表中数据来自 Augusti 等(1998)。

同样，Neta 等(1977)的研究也发现不同芳香烃类化合物与 $SO_4^-\bullet$ 的反应的 $\lg k_X/k_H$ 也与取代基的 Hammett 常数呈线性相关关系，表明 $SO_4^-\bullet$ 氧化降解芳香烃类化合物主要是通过电子转移方式进行的，他们还总结了 $SO_4^-\bullet$ 与 21 种芳香烃类化合物的二级反应速率常数，可看出 $SO_4^-\bullet$ 与这些化合物的反应速率常数范围为 $10^6 \sim 10^9$ L/(mol·s)，如表 2-18 所示。

表 2-18　$SO_4^-\bullet$ 与 21 种芳香类化合物的反应速率常数 k 值

芳香烃类化合物	反应速率常数/[L/(mol·s)]
苯甲醚	4.9×10^9
乙酰苯胺	3.6×10^9
苯	3.0×10^9
苯甲酸	1.2×10^9
苯乙酮	3.1×10^8
苯甲酰胺	1.9×10^8
三甲基苯胺离子	1.5×10^8
硝基苯	1.0×10^6
对甲氧基苯甲酸	3.5×10^9
对羟基苯甲酸	2.5×10^9

续表

芳香烃类化合物	反应速率常数/[L/(mol·s)]
间甲基苯酸	2.0×10^9
邻甲基苯酸	1.8×10^9
对甲基苯酸	1.4×10^9
邻溴苯甲酸	1.0×10^9
对溴苯甲酸	8.7×10^8
邻氯苯甲酸	3.6×10^8
邻乙酰基苯甲酸	2.0×10^8
对苯二甲酸	1.7×10^8
邻氰基苯甲酸	3.3×10^7
邻硝基苯甲酸	1.0×10^6

注：pH=7.0；表中数据来自 Neta 等 (1977)。

$SO_4^- \bullet$ 与某种化合物的反应速率常数可以基于竞争动力学法通过实验数据得出，以已知反应速率常数的化合物为参考，$SO_4^- \bullet$ 氧化降解该化合物与目标化合物的混合溶液，两种化合物浓度变化的对数值呈线性关系，从而得出目标化合物与 $SO_4^- \bullet$ 的反应速率常数。例如，Luo 等 (2016) 在研究 UV 活化 PDS 体系降解三氯苯甲醚 (2,4,6-trichloroanisole, TCA) 时，以苯甲酸 (benzoic acid, BA) 为参考化合物，其与 $SO_4^- \bullet$ 的反应速率常数为 $k_{SO_4^- \bullet, BA} = 1.2 \times 10^9 \ M^{-1} \cdot s^{-1}$，则 TCA 与 $SO_4^- \bullet$ 的反应速率常数 $k_{SO_4^- \bullet, TCA}$ 可由下式得出：

$$\ln \frac{[TCA]_0}{[TCA]_t} = \frac{k_{SO_4^- \bullet, TCA}}{k_{SO_4^- \bullet, BA}} \ln \frac{[BA]_0}{[BA]_t} \qquad (2\text{-}134)$$

在基于 PDS 的高级氧化体系中，通常情况下同时存在 $SO_4^- \bullet$ 和 $\bullet OH$，两种自由基对如 TCA 的目标化合物的降解都有一定贡献，因此目标化合物的总反应速率常数 $k_{cal,obs} = k_{cal,SO_4^-} + k_{cal,\bullet OH}$。根据自由基稳态学说，假设目标化合物 (如 TCA) 的降解主要归因于反应体系产生的自由基 ($SO_4^- \bullet$ 和 $\bullet OH$)，且自由基的净生成速率为零，$SO_4^- \bullet$ 和 $\bullet OH$ 对 TCA 降解的各自贡献 k_{cal,SO_4^-} 和 $k_{cal,\bullet OH}$ 与其稳态浓度 $[SO_4^- \bullet]_{ss}$ 和 $[\bullet OH]_{ss}$ 分别有如下关系：

$$k_{cal,HO \bullet} = k_{HO \bullet, TCA}[\bullet OH]_{ss} \qquad (2\text{-}135)$$

$$k_{cal,SO_4^- \bullet} = k_{SO_4^- \bullet, TCA}[SO_4^- \bullet]_{ss} \qquad (2\text{-}136)$$

而 $SO_4^- \bullet$ 和 $\bullet OH$ 的浓度变化与反应体系中 PDS 浓度及 $HPO_4^{2-}/H_2PO_4^-$、CO_3^{2-}/HCO_3^-、Cl^-、天然有机质 (NOM) 等常见无机离子和有机质浓度有关，这些物质与 $SO_4^- \bullet$ 及 $\bullet OH$ 有不同程度的反应活性，进而影响目标污染物的降解反应。这些物质

与 $SO_4^-\cdot$ 及 $\cdot OH$ 的反应速率常数如表 2-19 所示。结合表 2-19 中的化学反应，基于 PDS 的高级氧化体系中 $SO_4^-\cdot$ 和 $\cdot OH$ 的浓度变化如下所示：

$$\frac{d\left[SO_4^-\cdot\right]}{dt}=r-k_1\left[SO_4^-\cdot\right][TCA]-k_3\left[SO_4^-\cdot\right]\left[S_2O_8^{2-}\right]-k_5\left[SO_4^-\cdot\right][H_2O]$$

$$-k_6\left[SO_4^-\cdot\right]\left[OH^-\right]-k_{10}\left[SO_4^-\cdot\right]\left[H_2PO_4^-\right]-k_{11}\left[SO_4^-\cdot\right]\left[HPO_4^{2-}\right]-k_i[S_i]\left[SO_4^-\cdot\right]$$

$$(2-137)$$

$$\frac{d[\cdot OH]}{dt}=k_5\left[SO_4^-\cdot\right][H_2O]+k_6\left[SO_4^-\cdot\right]\left[OH^-\right]-k_2[\cdot OH][TCA]$$

$$-k_4[\cdot OH]\left[S_2O_8^{2-}\right]-k_{12}[\cdot OH]\left[H_2PO_4^-\right]-k_{13}[\cdot OH]\left[HPO_4^{2-}\right]-k_{i'}[S_i][\cdot OH] \quad (2-138)$$

式中，r 为 $SO_4^-\cdot$ 在 PDS 活化过程中的生成速率；$[S_i]$ 为 $SO_4^-\cdot$ 或 $\cdot OH$ 的淬灭物质浓度；k_i 或 $k_{i'}$ 为相应淬灭物质与 $SO_4^-\cdot$ 或 $\cdot OH$ 的反应速率常数。

表 2-19　常见阴离子、醇、有机质在 PDS 氧化降解 TCA 体系中的反应

编号	反应	反应速率常数/[L/(mol·s)]
1	$SO_4^-\cdot+TCA\longrightarrow$ 产物	$k_1=(3.72\pm0.1)\times10^9$
2	$\cdot OH+TCA\longrightarrow$ 产物	$k_2=5.1\times10^9$
3	$SO_4^-\cdot+S_2O_8^{2-}\longrightarrow S_2O_8^-\cdot+SO_4^{2-}$	$k_3=5.5\times10^5$
4	$\cdot OH+S_2O_8^{2-}\longrightarrow S_2O_8^-\cdot+OH^-$	$k_4=1.4\times10^7$
5	$SO_4^-\cdot+H_2O\longrightarrow HSO_4^-+\cdot OH$	$k_5=8.3$
6	$SO_4^-\cdot+OH^-\longrightarrow SO_4^{2-}+\cdot OH$	$k_6=6.5\times10^7$
HPO$_4^{2-}$/H$_2$PO$_4^-$ 存在时		
7	$H_3PO_4\longrightarrow H^++H_2PO_4^-$	pKa=2.1
8	$H_2PO_4^-\longrightarrow H^++HPO_4^{2-}$	pKa=7.2
9	$HPO_4^{2-}\longrightarrow H^++PO_4^{3-}$	pKa=12.3
10	$SO_4^-\cdot+H_2PO_4^-\longrightarrow$ 产物	$k_{10}<7.2\times10^4$
11	$SO_4^-\cdot+HPO_4^{2-}\longrightarrow SO_4^{2-}+HPO_4^-\cdot$	$k_{11}=1.2\times10^6$
12	$\cdot OH+H_2PO_4^-\longrightarrow HPO_4^-\cdot+H_2O$	$k_{12}=2.0\times10^4$
13	$\cdot OH+HPO_4^{2-}\longrightarrow HPO_4^-\cdot+OH^-$	$k_{13}=1.5\times10^5$
叔丁醇和苯甲酸存在时		
14	$SO_4^-\cdot+$ 叔丁醇 $\longrightarrow$ 产物	$k_{14}=4.0\times10^5$
15	$\cdot OH+$ 叔丁醇 $\longrightarrow$ 产物	$k_{15}=6.0\times10^8$
16	$SO_4^-\cdot+$ 苯甲酸 $\longrightarrow$ 产物	$k_{16}=1.2\times10^9$
17	$\cdot OH+$ 苯甲酸 $\longrightarrow$ 产物	$k_{17}=5.9\times10^9$

续表

编号	反应	反应速率常数/[L/(mol·s)]
NOM 存在时		
18	$SO_4^-\cdot + NOM \longrightarrow$ 产物	$k_{18}=6.8\times10^3 L/(mg\cdot s)$
19	$\cdot OH + NOM \longrightarrow$ 产物	$k_{19}=1.4\times10^4 L/(mg\cdot s)$
CO_3^{2-}/HCO_3^- 存在时		
20	$SO_4^-\cdot + HCO_3^- \longrightarrow SO_4^{2-}+HCO_3\cdot$	$k_{20}=1.6\times10^6$
21	$SO_4^-\cdot + CO_3^{2-} \longrightarrow SO_4^{2-}+CO_3^-\cdot$	$k_{21}=6.1\times10^6$
22	$\cdot OH + HCO_3^- \longrightarrow H_2O+CO_3^-\cdot$	$k_{22}=8.6\times10^6$
23	$\cdot OH + CO_3^{2-} \longrightarrow OH^-+CO_3^-\cdot$	$k_{23}=3.9\times10^8$
24	$H_2CO_3 \longrightarrow H^++HCO_3^-$	$pKa=6.3$
25	$HCO_3^- \longrightarrow H^++CO_3^{2-}$	$pKa=10.3$
Cl^- 存在时		
26	$SO_4^-\cdot + Cl^- \longrightarrow Cl\cdot+SO_4^{2-}$	$k_{26}=3.0\times10^8$
27	$\cdot OH + Cl^- \longrightarrow ClOH^-\cdot$	$k_{27+}=4.3\times10^9$
		$k_{27-}=6.0\times10^9$
28	$Cl\cdot + HO^- \longrightarrow ClOH^-\cdot$	$k_{28}=1.8\times10^{10}$
29	$Cl\cdot + H_2O \longrightarrow ClOH^-\cdot+H^+$	$k_{29}=2.5\times10^5$
30	$ClOH^-\cdot \longrightarrow \cdot OH+Cl^-$	$k_{30}=6.0\times10^9$
31	$ClOH^-\cdot + H^+ \longrightarrow Cl\cdot+H_2O$	$k_{31+}=2.1\times10^{10}$
		$k_{31-}=2.5\times10^5$
32	$Cl\cdot + Cl^- \longrightarrow Cl_2^-\cdot$	$k_{32}=8.5\times10^9$
33	$Cl_2^-\cdot + H_2O \longrightarrow Cl^-+HClOH$	$k_{33}=1.3\times10^3$
34	$Cl_2^-\cdot + OH^- \longrightarrow Cl^-+ClOH^-\cdot$	$k_{34}=4.5\times10^7$
35	$Cl_2^-\cdot + Cl_2^-\cdot \longrightarrow Cl_2+2Cl^-$	$k_{35}=9.0\times10^8$

注：表中数据来自 Luo 等 (2016)。

在 UV 活化 PDS 体系中，r 可由下式得出：

$$r=\varphi_{S_2O_8^{2-}}I_0 f_{S_2O_8^{2-}}(1-e^{-A}) \tag{2-139}$$

$$A=2.303b(\varepsilon_{TCA}[TCA]+\varepsilon_{S_2O_8^{2-}}[S_2O_8^{2-}]+\varepsilon_{NOM}[NOM]) \tag{2-140}$$

$$f_{S_2O_8^{2-}}=\frac{2.303b\varepsilon_{S_2O_8^{2-}}\left[S_2O_8^{2-}\right]}{A} \tag{2-141}$$

式中，$\varphi_{S_2O_8^{2-}}$ 为 $S_2O_8^{2-}$ 的量子效率；I_0 为基于体积的辐照度；$f_{S_2O_8^{2-}}$ 为 $S_2O_8^{2-}$ 吸收的 UV 照射比例；A 为溶液吸光度；b 为光程；ε_{TCA}、$\varepsilon_{S_2O_8^{2-}}$ 及 ε_{NOM} 分别为 TCA、$S_2O_8^{2-}$ 及 NOM 的摩尔消光系数。

由于自由基稳态学说中自由基的净生成速率为零，$SO_4^-\cdot$ 和 $\cdot OH$ 的稳态浓度 $[SO_4^-\cdot]_{SS}$ 和 $[\cdot OH]_{SS}$ 如下所示：

$$[SO_4^-\cdot]_{SS}=\frac{r}{k_1[TCA]+k_3\left[S_2O_8^{2-}\right]+k_5[H_2O]+k_6\left[OH^-\right]+k_{10}\left[H_2PO_4^-\right]+k_{11}\left[HPO_4^{2-}\right]+k_i[S_i]} \tag{2-142}$$

$$[\cdot OH]_{SS}=\frac{k_5\left[SO_4^-\cdot\right]_{SS}[H_2O]+k_6\left[SO_4^-\cdot\right]_{SS}\left[OH^-\right]}{k_2[TCA]+k_4\left[S_2O_8^{2-}\right]+k_{12}\left[H_2PO_4^-\right]+k_{13}\left[HPO_4^{2-}\right]+k_i'\left[S_i\right]} \tag{2-143}$$

但是有研究指出，不同于常规 Fenton 反应体系，生物炭悬浮液活化过氧化氢降解 MCB 体系中 $\cdot OH$ 首先攻击 MCB 苯环生成氯酚中间体，随后经过三种不同路径发生后续降解反应(图 2-16)：①不同氯酚中间体发生二聚反应生成二氯联苯、

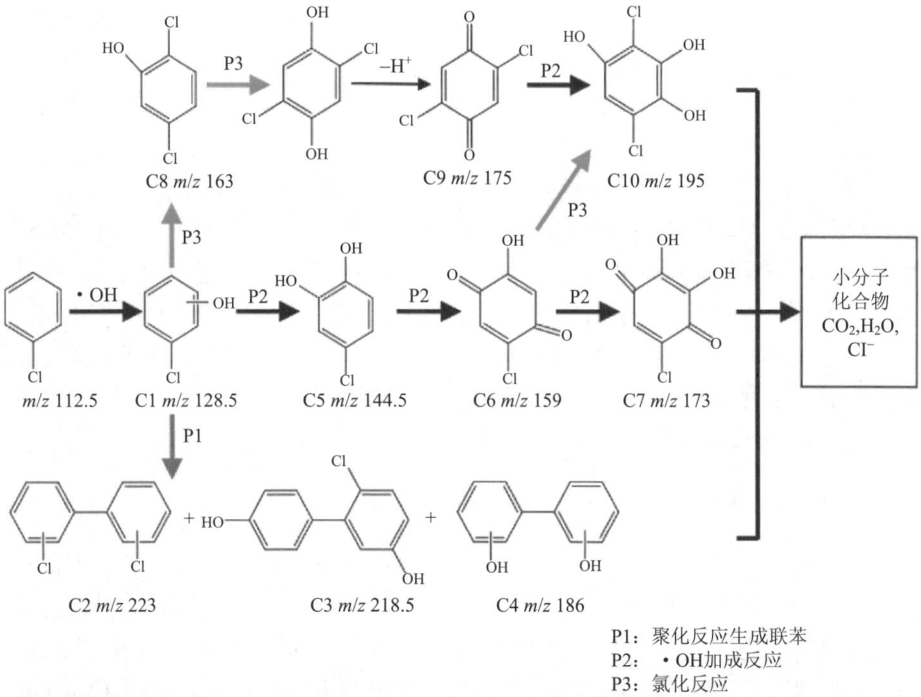

图 2-16　稻壳生物炭悬浮液体系降解 MCB 的可能路径

图中数据来自 Zhang 等 (2018b)

二羟基联苯、2-氯-5,4-二羟基联苯等中间产物；②羟基化反应生成 1,2-二羟基-4-氯苯、2,3-二羟基-5-氯-1,4-苯醌等中间产物；③反应过程中生成的氯自由基(Cl•)加成至苯环，生成 1,4-二氯-2-羟基苯、1,2,4-三羟基-3,6-二氯苯等中间产物；随后这些中间产物发生开环反应，生成低分子量有机物，直至矿化为二氧化碳(Zhang et al., 2018b)。该生物炭悬浮液降解 MCB 的机理为：生物炭表面酚羟基等表面官能团在氧气作用下，逐渐生成•O_2^-、H_2O_2、•OH 等 ROS 以降解去除 MCB，其中•OH 为降解 MCB 的主要 ROS。该体系中 MCB 降解的中间产物明显多于常规 Fenton 体系，可能原因是 MCB 与 ROS 在生物炭表面的界面反应行为。

值得注意的是，含氯芳香类化合物在被氧化降解中由于 Cl•、Cl_2^-•等活性物质的生成，通过加成反应可生成结构更复杂的中间产物，如多氯芳香类化合物。例如，在 Co/PMS 体系降解 4-氯-2-硝基苯酚时，4-氯-2-硝基苯酚的降解包括脱硝、脱氯、重新氯化、开环、矿化等过程(Xiong et al., 2019)，如图 2-17 所示。

针对苯的去除，Fe(III)-SPC 体系中同样也是•OH 起主要作用，其对苯的降解路径主要有两条：①•OH 攻击苯环生成环己二烯自由基，与氧气加成生成 HO_2•，然后生成苯酚，苯酚接着被转化为对苯二酚、间苯二酚、邻苯二酚、苯醌等芳香烃化合物，之后开环生成甲酸、草酸等脂肪烃化合物，最终矿化为二氧化碳；②•OH 直接攻击苯环开环生成 1,3-二烯己二醛，随后被进一步氧化生成脂肪烃化合物，直至完全矿化(Fu et al., 2017)。同样由于•OH 或 SO_4^-•的亲电性，V_2O_3/PDS 体系中多环芳烃菲的中心环上 C9、C10 被最先攻击，这是由于这两处电子密度最大，被•OH 或 SO_4^-•优先反应(Chen et al., 2019b)。

多氯联苯(PCB)由于具有较强化学惰性、高毒性等特点，为持久性有机污染物的典型代表，基于 SO_4^-•的高级氧化体系可高效降解该类芳香烃化合物。Fang 等(2013)研究了热活化 PDS 产生 SO_4^-•降解 PCB28 的可能机理，发现 PCB28 在热活化 PDS 体系中的降解分为两个过程：一是脱氯生成联苯；二是联苯羟基化和矿化的过程，SO_4^-•加成到联苯上然后脱去一个 SO_4^{2-}，生成一个苯基正离子，随后苯基正离子水解，在氧气作用下开环，生成开环产物苯甲酰甲醛水合物和 2-苯异丙醇，最终矿化成二氧化碳和水，如图 2-18 所示。

2. 脂肪烃类化合物

针对醇、醚、酯等挥发性脂肪烃类化合物，George 等(2001)研究了不同种类脂肪烃类化合物与 SO_4^-•的反应活性，发现其反应速率常数与相应化合物的最弱 C—H 键解离能线性相关，随着解离能增加，反应速率常数降低，证明了 SO_4^-•氧化醇、醚、酯等脂肪烃类化合物的机理主要是氢提取反应；并且通过 Khursan 等(2006)利用量子化学计算方法得到的 SO_4^-•与多种脂肪烃类化合物的反应活化能，进一步证实了这类反应主要是通过氢提取方式进行。因此，不同于电子转移是

$SO_4^-\cdot$降解芳香烃类化合物的主要途径，$SO_4^-\cdot$与醇、醚、酯、烷烃等脂肪烃类化合物的主要反应途径为氢提取和亲电加成。

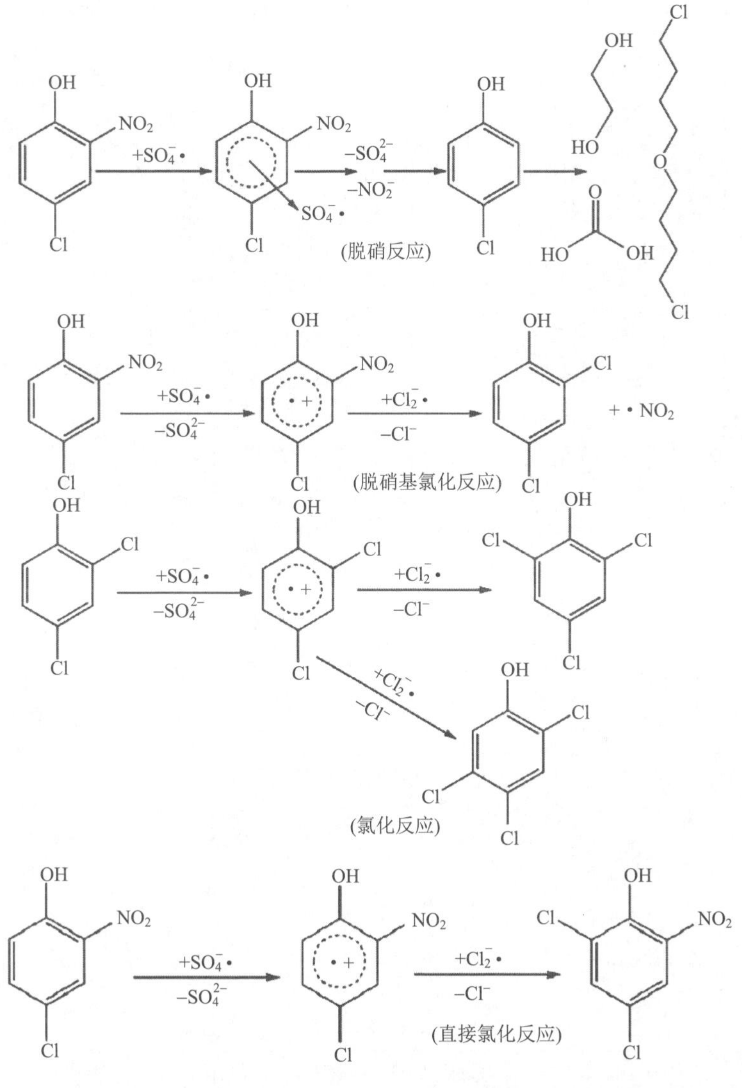

图 2-17　Co/PMS 体系中 4-氯-2-硝基苯酚的可能降解路径

图中数据来自 Xiong 等 (2019)

　　针对三氯乙烯(TCE)等不饱和脂肪烃类化合物，•OH 对其降解反应主要是通过亲电加成进行的。例如，Yan 等 (2015)研究了菱铁矿活化 PDS 体系氧化降解 TCE 的机理，发现体系中 $SO_4^-\cdot$会快速与水反应转化成•OH，•OH 为起主导反应作用的 ROS，•OH 可直接加成至 TCE 分子上生成二氯乙酸。

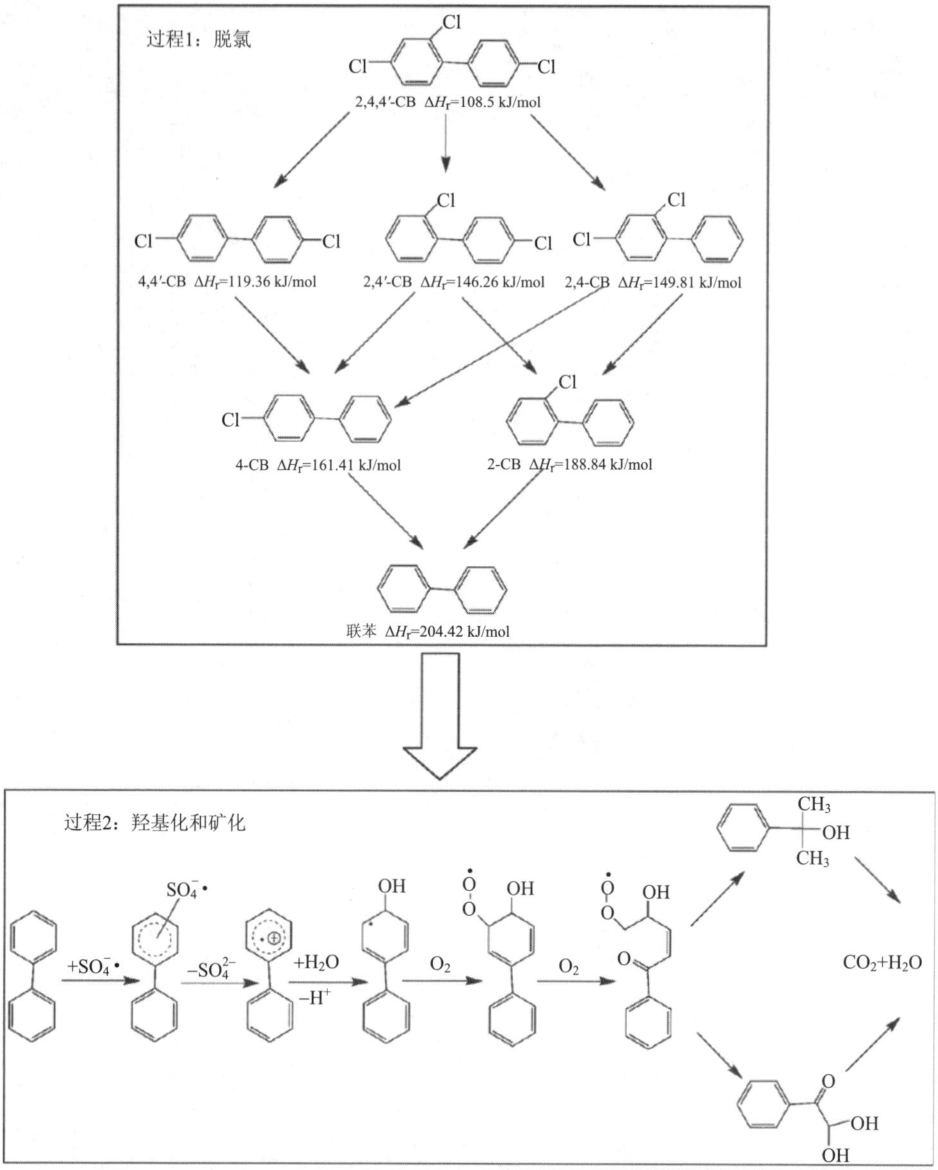

图 2-18　　PCB28 在热活化 PDS 产生 SO$_4^-$• 体系中的可能反应机理

3. 药物

普萘洛尔 (propranolol) 等药物排放到环境中易对水生生物产生较强毒性效应，高级氧化体系成为处理这类环境污染物的高效技术。Yang 等 (2019) 对比研究了紫外线活化 H$_2$O$_2$ 和 PDS 产生 ROS 体系对普萘洛尔的降解行为，发现体系中同时存在 •OH、SO$_4^-$•、CO$_3^-$•、Cl$_2^-$• 等 ROS，在该体系中普萘洛尔可能存在三条主要的降解路径：①•OH 路径，•OH 攻击普萘洛尔的萘基团，形成碳中心自由基，与氧气反应生成过氧自由基，最终形成羟基化产物，然后开环生成醛类等小分子物质；②SO_4^-•路径，SO_4^-•首先攻击萘基团，其次是氨基，最后在亲电子基团羟基的促进作用下羟基邻位被 SO_4^-•氧化，导致开环产物的产生；③CO_3^-•、Cl_2^-•、Cl•路径，CO_3^-•、Cl_2^-•主要通过电子转移的方式进行选择性的氧化反应。具体反应路径见图 2-19。

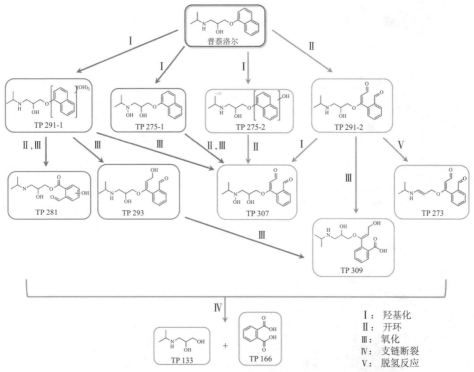

图 2-19　普萘洛尔在紫外线活化 H_2O_2 和 PDS 体系中的可能反应机理

图中数据来自 Yang 等(2019)

4. 有机农药

有机农药通常具有结构复杂、毒性高、持久性危害大等特点，为环境修复领域重点关注的对象之一。众多研究表明，高级氧化体系可高效彻底地去除大部分有机农药。例如，Wei 等(2016)采用纳米零价铁(nZVI)活化 PDS 体系氧化降解除草剂苯达松(bentazon, BTZ)，证实了取代基会直接影响化合物的氧化降解反应，并且 SO_4^-• 主要通过电子传递进行反应。BTZ 的异位基团和噻二嗪环最先与 SO_4^-•反应，其中 SO_4^-•优先攻击异位基团，同时在噻二嗪环引发开环反应，随后被羟基化，最终矿化，具体反应路径见图 2-20。同时，Zhu 等(2016)在 nZVI 活化 PDS 体系降解双对氯苯基三氯乙烷(DDT)研究中指出，nZVI 除了活化 PDS 产生 SO_4^-•

或•OH 氧化降解 DDT 外，其强还原性在 DDT 降解过程中也起重要作用。体系中 nZVI 表面≡Fe(Ⅱ)/≡Fe(Ⅲ)及溶液相中 Fe^{2+}/Fe^{3+} 均参与了 PDS 活化反应，最终体系中含有 $SO_4^-•$、•OH 等 ROS。DDT 在体系中的降解机理主要有：①nZVI 与 DDT 发生加氢脱氯反应，生成 DDD，随后脱氢加氯反应生成 DDE，DDD 和 DDE 进一步脱氯生成氯乙烷；②$SO_4^-•$、•OH 氧化降解 DDT 及还原中间产物，生成邻苯二甲酸三丁酯(DBP)，随后开环，并最终矿化。具体 PDS 活化机理和 DDT 在体系中的降解机理如图 2-21 所示。

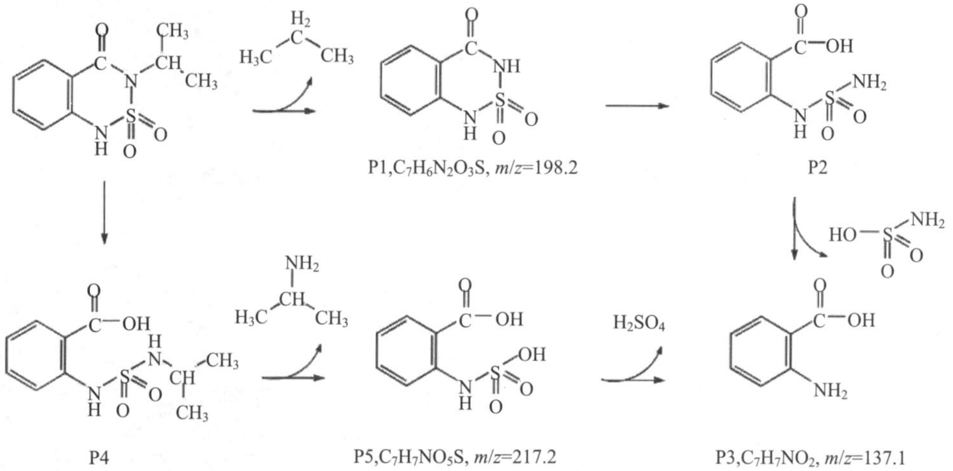

P1,$C_7H_6N_2O_3S$, m/z=198.2　　　　　　　　P2

P4　　　　　P5,$C_7H_7NO_5S$, m/z=217.2　　　　P3,$C_7H_7NO_2$, m/z=137.1

图 2-20　苯达松在 nZVI 活化 PDS 体系中的可能反应机理

图中数据来自 Wei 等(2016)

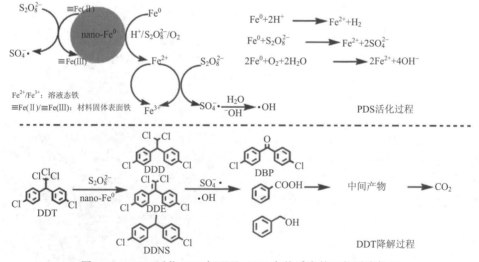

图 2-21　nZVI 活化 PDS 机理及 DDT 在体系中的可能反应机理

图中数据来自 Zhu 等(2016)

2.3.2　其他污染物去除机理

环境中除有机污染物为重点关注对象外，其他如重金属、放射性核素等污染物对人体健康和生态环境同样具有较大影响，并且很多情况下，这类污染物常与有机污染物同时存在于环境介质中，研究这类污染物的有效去除技术具有重要意义。鉴于高级氧化技术对有机污染物的去除具有高效、快速、彻底的优势，应用高级氧化技术去除其他污染物的研究也呈增多趋势。Liu 等（2018a）利用生物炭负载纳米零价铁（BC-nZVI）活化 PDS 体系，研究其对同时去除有机污染物双酚A（BPA）和重金属离子 Cu^{2+} 的效能，结果表明该体系中存在 Cu^{2+} 还原和 BPA 氧化的协同反应，Cu^{2+} 通过 nZVI 表面电子传递过程被还原成 Cu^0，如式（2-144）和式（2-145）；BPA 则通过体系中 $SO_4^-\bullet$、$\bullet OH$ 等 ROS 发生氧化反应，被矿化去除，如式（2-146）和式（2-147），具体反应机理见图 2-22。

$$Fe^0 + Cu^{2+} \longrightarrow Fe^{2+} + Cu^0 \tag{2-144}$$

$$Fe^0 + 2Cu^{2+} + H_2O \longrightarrow Fe^{2+} + 2H^+ + Cu_2O \tag{2-145}$$

$$2Fe^0 + O_2 + 4H^+ \longrightarrow 2Fe^{2+} + 2H_2O \tag{2-146}$$

$$Fe^{2+} + S_2O_8^{2-} \longrightarrow Fe^{3+} + SO_4^-\bullet + SO_4^{2-} \tag{2-147}$$

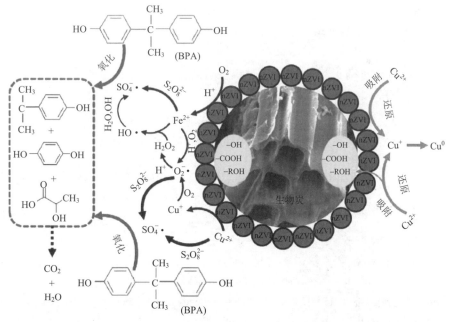

图 2-22　BC-nZVI 活化 PDS 体系同时去除 Cu^{2+} 和 BPA 的可能反应机理

图中数据来自 Liu 等（2018a）

同时，Kang 等(2018)研究发现 nZVI 活化 PDS、PMS 和 H_2O_2 等 AOTs 体系对 1,4-二噁烷(1,4-dioxane, 1,4-D)和砷(III)[As(III)]都能高效去除，体系中 $SO_4^-\cdot$、$\cdot OH$ 等 ROS 在 1,4-D 的去除过程中贡献率要大于其在 As(III)的去除过程中的贡献率，As(III)的去除受 nZVI 溶解行为和形态分布影响较大，nZVI 的吸附和共沉淀作用为该体系去除 As(III)的主要机理。除此之外，有研究表明 As(III)也可直接被 $\cdot OH$ 氧化为 As(IV)(Dutta et al., 2005)，反应速率常数可达 8.5×10^9 L/(mol·s)，并被进一步氧化为 As(V)，如式(2-148)和式(2-149)所示。

$$As(III) + \cdot OH \longrightarrow As(IV) + OH^- \tag{2-148}$$

$$As(IV) + \cdot OH \longrightarrow As(V) + OH^- \tag{2-149}$$

2.4 小　　结

高级氧化技术的应用核心是其高效活化体系的构建，目前已有较多理论研究。基于过氧化物、过硫酸盐和臭氧的三类高级氧化技术各自具有不同的优缺点和特性，所应用的活化方式和活化材料种类繁多，并且实际污染场地的污染特征复杂，而目前有关高级氧化技术的研究大多局限于实验室理想条件，有必要开展实际场地环境的高级氧化技术作用参数、调控机理等方面的研究，以期更好地指导场地修复实践。同时，场地修复为一个系统工程，需综合考虑所应用技术的性能、经济成本和环境影响等因素，因此，未来研究中可针对以下几个方面开展更深入的工作：

(1)增加针对基于过氧化钙、过碳酸盐的高级氧化活化体系研究的广度和深度；

(2)针对过硫酸盐高级氧化技术普遍存在的硫酸根遗留问题开展系统研究；

(3)深化针对基于 $^1O_2$ 和电子传递等这类不易受阴阳离子和有机质影响的非自由基活化机理的研究；

(4)加深针对铁基和碳基等具有低成本、环境友好和易操作优势的活化材料的研发。

参 考 文 献

Anipsitakis G, Dionysiou D. 2004. Radical generation by the interaction of transition metals with common oxidants. Environmental Science & Technology, 38: 3705-3712.

Augusti R, Dias A O, Rocha L L, et al. 1998. Kinetics and mechanism of benzene derivative degradation with Fenton's reagent in aqueous medium studied by MIMS. The Journal of Physical Chemistry A, 102: 10723-10727.

Beltrán F J, Álvarez P M, Gimeno O. 2019. Graphene-based catalysts for ozone processes to decontaminate water. Molecules, 24: 3438.

Bremner D H, Molina R, Martínez F, et al. 2009. Degradation of phenolic aqueous solutions by high frequency sono-Fenton systems (US–Fe$_2$O$_3$/SBA-15–H$_2$O$_2$). Applied Catalysis B: Environmental, 90: 380-388.

Cai S, Liu Y, Chen J. 2020. FeCu-biochar enhances the removal of antibacterial sulfapyridine from groundwater by activation of persulfate. Environmental Chemistry Letters, 18: 1693-1700.

Carr S A, Baird R B. 2000. Mineralization as a mechanism for TOC removal: Study of ozone/ozone–peroxide oxidation using FT-IR. Water Research, 34: 4036-4048.

Chen H, Carroll K C. 2016. Metal-free catalysis of persulfate activation and organic-pollutant degradation by nitrogen-doped graphene and aminated graphene. Environmental Pollution, 215: 96-102.

Chen J, Tian S, Lu J, et al. 2015. Catalytic performance of MgO with different exposed crystal facets towards the ozonation of 4-chlorophenol. Applied Catalysis A: General, 506: 118-125.

Chen L, Ding D, Liu C, et al. 2018. Degradation of norfloxacin by CoFe$_2$O$_4$-GO composite coupled with peroxymonosulfate: A comparative study and mechanistic consideration. Chemical Engineering Journal, 334: 273-284.

Chen L, Ma J, Li X, et al. 2011. Strong enhancement on Fenton oxidation by addition of hydroxylamine to accelerate the ferric and ferrous iron cycles. Environmental Science & Technology, 45: 3925-3930.

Chen S, Deng J, Ye C, et al. 2020a. Simultaneous removal of para-arsanilic acid and the released inorganic arsenic species by CuFe$_2$O$_4$ activated peroxymonosulfate process. Science of the Total Environment, 742: 140587.

Chen X, Duan X, Oh W, et al. 2019a. Insights into nitrogen and boron-co-doped graphene toward high-performance peroxymonosulfate activation: Maneuverable N-B bonding configurations and oxidation pathways. Applied Catalysis B: Environmental, 253: 419-432.

Chen X, Yang B, Oleszczuk P, et al. 2019b. Vanadium oxide activates persulfate for degradation of polycyclic aromatic hydrocarbons in aqueous system. Chemical Engineering Journal, 364: 79-88.

Chen Y, Ouyang D, Zhang W, et al. 2020b. Degradation of benzene derivatives in the CuMgFe-LDO/persulfate system: The role of the interaction between the catalyst and target pollutants. Journal of Environmental Sciences, 90: 87-97.

Chen Y, Yan J, Ouyang D, et al. 2017. Heterogeneously catalyzed persulfate by CuMgFe layered double oxide for the degradation of phenol. Applied Catalysis A: General, 538: 19-26.

Cheng X, Guo H, Zhang Y, et al. 2017. Non-photochemical production of singlet oxygen via activation of persulfate by carbon nanotubes. Water Research, 113: 80-88.

Cheng X, Guo H, Zhang Y, et al. 2019. Insights into the mechanism of nonradical reactions of persulfate activated by carbon nanotubes: Activation performance and structure-function relationship. Water Research, 157: 406-414.

Diao Z, Dong F, Yan L, et al. 2020. Synergistic oxidation of bisphenol A in a heterogeneous ultrasound-enhanced sludge biochar catalyst/persulfate process: Reactivity and mechanism. Journal of Hazardous Materials, 384: 121385.

Diao Z, Xu X, Chen H, et al. 2016a. Simultaneous removal of Cr(VI) and phenol by persulfate activated with bentonite-supported nanoscale zero-valent iron: Reactivity and mechanism. Journal of Hazardous Materials, 316: 186-193.

Diao Z H, Xu X R, Jiang D, et al. 2016b. Bentonite-supported nanoscale zero-valent iron/persulfate system for the simultaneous removal of Cr(VI) and phenol from aqueous solutions. Chemical Engineering Journal, 302: 213-222.

Dong X, Ren B, Sun Z, et al. 2019. Monodispersed $CuFe_2O_4$ nanoparticles anchored on natural kaolinite as highly efficient peroxymonosulfate catalyst for bisphenol A degradation. Applied Catalysis B: Environmental, 253: 206-217.

Dong Y, Zhang L, Zhou P, et al. 2022. Natural cellulose supported carbon nanotubes and Fe_3O_4 NPs as the efficient peroxydisulfate activator for the removal of bisphenol A: An enhanced non-radical oxidation process. Journal of Hazardous Materials, 423(A): 127054.

Du X, Zhang Y, Hussain I, et al. 2017. Insight into reactive oxygen species in persulfate activation with copper oxide: Activated persulfate and trace radicals. Chemical Engineering Journal, 313: 1023-1032.

Duan X, Ao Z, Sun H, et al. 2015a. Insights into N-doping in single-walled carbon nanotubes for enhanced activation of superoxides: A mechanistic study. Chemical Communications, 51: 15249-15252.

Duan X, Ao Z, Zhang H, et al. 2018. Nanodiamonds in sp^2/sp^3 configuration for radical to nonradical oxidation: Core-shell layer dependence. Applied Catalysis B: Environmental, 222: 176-181.

Duan X, Indrawirawan S, Sun H, et al. 2015b. Effects of nitrogen-, boron-, and phosphorus-doping or codoping on metal-free graphene catalysis. Catalysis Today, 249: 184-191.

Dutta P K, Pehkonen S O, Sharma V, K, et al. 2005. Photocatalytic oxidation of arsenic(III): Evidence of hydroxyl radicals. Environmental Science & Technology, 39: 1827-1834.

Fan Y, Liu Y, Hu X, et al. 2021. Preparation of metal organic framework derived materials $CoFe_2O_4$@NC and its application for degradation of norfloxacin from aqueous solutions by activated peroxymonosulfate. Chemosphere, 275: 130059.

Fang G, Dionysiou D D, Zhou D, et al. 2013. Transformation of polychlorinated biphenyls by persulfate at ambient temperature. Chemosphere, 90: 1573-1580.

Fang G, Gao J, Liu C, et al. 2014. Key role of persistent free radicals in hydrogen peroxide activation by biochar: Implications to organic contaminant degradation. Environmental Science & Technology, 48: 1902-1910.

Fang G, Liu C, Gao J, et al. 2015. Manipulation of persistent free radicals in biochar to activate persulfate for contaminant degradation. Environmental Science & Technology, 49: 5645-5653.

Fernández-Castro P, Vallejo M, San Román M F, et al. 2015. Insight on the fundamentals of advanced oxidation processes. Role and review of the determination methods of reactive oxygen species. Journal of Chemical Technology & Biotechnology, 90: 796-820.

Fischbacher A, von Sonntag J, von Sonntag C, et al. 2013. The ·OH radical yield in the $H_2O_2 + O_3$ (peroxone) reaction. Environmental Science & Technology, 47: 9959-9964.

Fu X, Gu X, Lu S, et al. 2017. Benzene oxidation by Fe(III)-activated percarbonate: Matrix-constituent effects and degradation pathways. Chemical Engineering Journal, 309: 22-29.

Gao J, Duan X, O'Shea K, et al. 2020a. Degradation and transformation of bisphenol A in UV/Sodium percarbonate: Dual role of carbonate radical anion. Water Research, 171: 115394.

Gao J, Song J, Ye J, et al. 2021. Comparative toxicity reduction potential of UV/sodium percarbonate and UV/hydrogen peroxide treatments for bisphenol A in water: An integrated analysis using chemical, computational, biological, and metabolomic approaches. Water Research, 190: 116755.

Gao Y, Gao N, Deng Y, et al. 2012. Ultraviolet (UV) light-activated persulfate oxidation of sulfamethazine in water. Chemical Engineering Journal, 195-196: 248-253.

Gao Y, Zhu Y, Chen Z, et al. 2020b. Insights into the difference in metal-free activation of peroxymonosulfate and peroxydisulfate. Chemical Engineering Journal, 394: 123936.

Ge L, Yue Y, Wang W, et al. 2021. Efficient degradation of tetracycline in wide pH range using MgNCN/MgO nanocomposites as novel H_2O_2 activator. Water Research, 198: 117149.

George C, Rassy H E, Chovelon J M. 2001. Reactivity of selected volatile organic compounds (VOCs) toward the sulfate radical (SO_4^-). International Journal of Chemical Kinetics, 33: 539-547.

Giannakis S, Lin K Y A, Ghanbari F. 2021. A review of the recent advances on the treatment of industrial wastewaters by sulfate radical-based advanced oxidation processes (SR-AOPs). Chemical Engineering Journal, 406: 127083.

Gu M, Farooq U, Lu S, et al. 2018. Degradation of trichloroethylene in aqueous solution by rGO supported nZVI catalyst under several oxic environments. Journal of Hazardous Materials, 349: 35-44.

Guan C, Jiang J, Luo C, et al. 2018. Oxidation of bromophenols by carbon nanotube activated peroxymonosulfate (PMS) and formation of brominated products: Comparison to peroxydisulfate (PDS). Chemical Engineering Journal, 337: 40-50.

Hu P, Long M. 2016. Cobalt-catalyzed sulfate radical-based advanced oxidation: A review on heterogeneous catalysts and applications. Applied Catalysis B: Environmental, 181: 103-117.

Huang C, Wang Y, Gong M, et al. 2020. α-MnO_2/palygorskite composite as an effective catalyst for heterogeneous activation of peroxymonosulfate (PMS) for the degradation of Rhodamine B. Separation and Purification Technology, 230: 115877.

Huang J, Dai Y, Singewald K, et al. 2019. Effects of MnO_2 of different structures on activation of peroxymonosulfate for bisphenol A degradation under acidic conditions. Chemical Engineering

Journal, 370: 906-915.

Huang Y, Huang Y. 2009. Identification of produced powerful radicals involved in the mineralization of bisphenol A using a novel UV-$Na_2S_2O_8$/H_2O_2-Fe (II, III) two-stage oxidation process. Journal of Hazardous Materials, 162(2-3): 1211-1216.

Ikhlaq A, Brown D R, Kasprzyk-Hordern B. 2014. Catalytic ozonation for the removal of organic contaminants in water on ZSM-5 zeolites. Applied Catalysis B: Environmental, 154-155: 110-122.

Ji F, Li C, Deng L. 2011. Performance of CuO/oxone system: Heterogeneous catalytic oxidation of phenol at ambient conditions. Chemical Engineering Journal, 178: 239-243.

Ji P, Zhu F, Zhou J, et al. 2022. Synthesis of superparamagnetic $MnFe_2O_4$/$mSiO_2$ nanomaterial for degradation of perfluorooctanoic acid by activated persulfate. Environmental Science and Pollution Research, 29: 37071-37083.

Kang Y, Yoon H, Lee W, et al. 2018. Comparative study of peroxide oxidants activated by nZVI: Removal of 1, 4-dioxane and arsenic (III) in contaminated waters. Chemical Engineering Journal, 334: 2511-2519.

Khursan S L, Semes'ko D G, Safiullin R L. 2006. Quantum-chemical modeling of the detachment of hydrogen atoms by the sulfate radical anion. Russian Journal of Physical Chemistry, 80: 366-371.

Kohantorabi M, Moussavi G, Giannakis S. 2021. A review of the innovations in metal- and carbon-based catalysts explored for heterogeneous peroxymonosulfate (PMS) activation, with focus on radical vs. non-radical degradation pathways of organic contaminants. Chemical Engineering Journal, 411: 127957.

Kolthoff I M, Miller I K. 1951. The chemistry of persulfate. I: The kinetics and mechanism of the decomposition of the persulfate ion in aqueous medium. Journal of the American Chemical Society, 73: 3055-3059.

Lhotský O, Krákorová E, Mašín P, et al. 2017. Pharmaceuticals, benzene, toluene and chlorobenzene removal from contaminated groundwater by combined UV/H_2O_2 photo-oxidation and aeration. Water Research, 120: 245-255.

Li D, Duan X, Sun H, et al. 2017. Facile synthesis of nitrogen-doped graphene via low-temperature pyrolysis: The effects of precursors and annealing ambience on metal-free catalytic oxidation. Carbon, 115: 649-658.

Li J, Lin H, Yang L, et al. 2016. Copper-spent activated carbon as a heterogeneous peroxydisulfate catalyst for the degradation of Acid Orange 7 in an electrochemical reactor. Water Science and Technology, 73: 1802-1808.

Li X, Liu Z, Zhu Y, et al. 2020a. Facile synthesis and synergistic mechanism of $CoFe_2O_4$@three-dimensional graphene aerogels towards peroxymonosulfate activation for highly efficient degradation of recalcitrant organic pollutants. Science of the Total Environment, 749: 141466.

Li Z, Sun Y, Yang Y, et al. 2020b. Comparing biochar- and bentonite-supported Fe-based catalysts for selective degradation of antibiotics: Mechanisms and pathway. Environmental Research, 183: 109156.

Liu C, Diao Z, Huo W, et al. 2018a. Simultaneous removal of Cu^{2+} and bisphenol A by a novel biochar-supported zero valent iron from aqueous solution: Synthesis, reactivity and mechanism. Environmental Pollution, 239: 698-705.

Liu P, Ren Y, Ma W, et al. 2018b. Degradation of shale gas produced water by magnetic porous MFe_2O_4 (M = Cu, Ni, Co and Zn) heterogeneous catalyzed ozone. Chemical Engineering Journal, 345: 98-106.

Liu W, Nie C, Li W, et al. 2021a. Oily sludge derived carbons as peroxymonosulfate activators for removing aqueous organic pollutants: Performances and the key role of carbonyl groups in electron-transfer mechanism. Journal of Hazardous Materials, 414: 125552.

Liu X, He S, Yang Y, et al. 2021b. A review on percarbonate-based advanced oxidation processes for remediation of organic compounds in water. Environmental Research, 200: 111371.

Long Q, Liu F, Yuan Y, et al. 2020. Enhanced degradation performance of p-chlorophenol in photo-Fenton reaction activated by nano-Fe0 encapsulated in hydrothermal carbon: Improved Fe(III)/Fe(II) cycle. Colloids and Surfaces A: Physicochemical and Engineering Aspects, 594: 124650.

Lu E, Wu J, Yang B, et al. 2020. Selective hydroxylation of benzene to phenol over Fe nanoparticles encapsulated within N-doped carbon shells. ACS Applied Nano Materials, 3: 9192-9199.

Lu S, Zhang X, Xue Y. 2017. Application of calcium peroxide in water and soil treatment: A review. Journal of Hazardous Materials, 337: 163-177.

Luo C, Jiang J, Ma J, et al. 2016. Oxidation of the odorous compound 2, 4, 6-trichloroanisole by UV activated persulfate: Kinetics, products, and pathways. Water Research, 96: 12-21.

Luo H, Fu H, Yin H, et al. 2022a. Carbon materials in persulfate-based advanced oxidation processes: The roles and construction of active sites. Journal of Hazardous Materials, 426: 128044.

Luo Q, Li Y, Huo X, et al. 2022b. Atomic chromium coordinated graphitic carbon nitride for bioinspired antibiofouling in seawater. Advanced Science, 9: 2105346.

Luo T, Wang M, Tian X, et al. 2019. Safe and efficient degradation of metronidazole using highly dispersed β-FeOOH on palygorskite as heterogeneous Fenton-like activator of hydrogen peroxide. Chemosphere, 236: 124367.

Ma W, Wang N, Du Y, et al. 2019. Human-hair-derived N, S-doped porous carbon: An enrichment and degradation system for wastewater remediation in the presence of peroxymonosulfate. ACS Sustainable Chemistry & Engineering, 7: 2718-2727.

Matzek L W, Carter K E. 2016. Activated persulfate for organic chemical degradation: A review. Chemosphere, 151: 178-188.

Miklos D B, Remy C, Jekel M, et al. 2018. Evaluation of advanced oxidation processes for water and wastewater treatment – A critical review. Water Research, 139: 118-131.

Milh H, Yu X, Cabooter D, et al. 2021. Degradation of ciprofloxacin using UV-based advanced removal processes: Comparison of persulfate-based advanced oxidation and sulfite-based advanced reduction processes. Science of the Total Environment, 764: 144510.

Neta P, Madhavan V, Zemel H, et al. 1977. Rate constants and mechanism of reaction of sulfate radical anion with aromatic compounds. Journal of the American Chemical Society, 99: 163-164.

Nguyen T B, Doong R, Huang C P, et al. 2019. Activation of persulfate by CoO nanoparticles loaded on 3D mesoporous carbon nitride (CoO@meso-CN) for the degradation of methylene blue (MB). Science of the Total Environment, 675: 531-541.

Olmez-Hanci T, Arslan-Alaton I. 2013. Comparison of sulfate and hydroxyl radical based advanced oxidation of phenol. Chemical Engineering Journal, 224: 10-16.

Ouyang D, Yan J, Qian L, et al. 2017. Degradation of 1,4-dioxane by biochar supported nano magnetite particles activating persulfate. Chemosphere, 184: 609-617.

Peng W, Dong Y, Fu Y, et al. 2021. Non-radical reactions in persulfate-based homogeneous degradation processes: A review. Chemical Engineering Journal, 421: 127818.

Pignatello J J, Oliveros E, MacKay A. 2006. Advanced oxidation processes for organic contaminant destruction based on the fenton reaction and related chemistry. Critical Reviews in Environmental Science and Technology, 36: 1-84.

Ren W, Xiong L, Nie G, et al. 2020. Insights into the electron-transfer regime of peroxydisulfate activation on carbon nanotubes: The role of oxygen functional groups. Environmental Science & Technology, 54: 1267-1275.

Sein M M, Golloch A, Schmidt T C, et al. 2007. No marked kinetic isotope effect in the peroxone ($H_2O_2/D_2O_2+O_3$) reaction: Mechanistic consequences. Chemphyschem: A European Journal of Chemical Physics and Physical Chemistry, 8: 2065-2067.

Shao P, Jing Y, Duan X, et al. 2021. Revisiting the graphitized nanodiamond-mediated activation of peroxymonosulfate: Singlet oxygenation versus electron transfer. Environmental Science & Technology.

Shen J, Chen Z, Xu Z, et al. 2008. Kinetics and mechanism of degradation of *p*-chloronitrobenzene in water by ozonation. Journal of Hazardous Materials, 152: 1325-1331.

Silwana N, Calderón B, Ntwampe S K, et al. 2020. Heterogeneous Fenton degradation of patulin in apple juice using carbon-encapsulated nano zero-valent iron (CE-nZVI). Foods, 9: 674.

Staehelin J, Hoigne J. 1982. Decomposition of ozone in water: Rate of initiation by hydroxide ions and hydrogen peroxide. Environmental Science & Technology, 16: 676-681.

Sun H, Kwan C, Suvorova A, et al. 2014a. Catalytic oxidation of organic pollutants on pristine and surface nitrogen-modified carbon nanotubes with sulfate radicals. Applied Catalysis B: Environmental, 154-155: 134-141.

Sun Q, Li L, Yan H, et al. 2014b. Influence of the surface hydroxyl groups of MnO_x/SBA-15 on heterogeneous catalytic ozonation of oxalic acid. Chemical Engineering Journal, 242: 348-356.

Sun S, Shan C, Yang Z, et al. 2022. Self-enhanced selective oxidation of phosphonate into phosphate by Cu(II)/H$_2$O$_2$: Performance, mechanism, and validation. Environmental Science & Technology, 56: 634-641.

Tang D, Zhang G, Guo S. 2015. Efficient activation of peroxymonosulfate by manganese oxide for the degradation of azo dye at ambient condition. Journal of Colloid and Interface Science, 454: 44-51.

Tepe O. 2018. Catalytic removal of remazol brilliant blue R by manganese oxide octahedral molecular sieves and persulfate. Journal of Environmental Engineering, 144: 04018087.

Tian W, Lin J, Zhang H, et al. 2022. Kinetics and mechanism of synergistic adsorption and persulfate activation by N-doped porous carbon for antibiotics removals in single and binary solutions. Journal of Hazardous Materials, 423: 127083.

Wacławek S, Lutze H V, Grübel K, et al. 2017. Chemistry of persulfates in water and wastewater treatment: A review. Chemical Engineering Journal, 330: 44-62.

Wang H, Zhao Y, Li T, et al. 2016a. Properties of calcium peroxide for release of hydrogen peroxide and oxygen: A kinetics study. Chemical Engineering Journal, 303: 450-457.

Wang J, Bai Z. 2017. Fe-based catalysts for heterogeneous catalytic ozonation of emerging contaminants in water and wastewater. Chemical Engineering Journal, 312: 79-98.

Wang J, Wan Y, Yue S, et al. 2020. Simultaneous removal of *Microcystis aeruginosa* and 2, 4, 6-trichlorophenol by UV/persulfate process. Frontiers in Chemistry, 8: 591641.

Wang J L, Xu L J. 2012. Advanced oxidation processes for wastewater treatment: Formation of hydroxyl radical and application. Critical Reviews in Environmental Science and Technology, 42: 251-325.

Wang W, Chen M, Wang D, et al. 2021. Different activation methods in sulfate radical-based oxidation for organic pollutants degradation: Catalytic mechanism and toxicity assessment of degradation intermediates. Science of the Total Environment, 772: 145522.

Wang Y, Ao Z, Sun H, et al. 2016b. Activation of peroxymonosulfate by carbonaceous oxygen groups: Experimental and density functional theory calculations. Applied Catalysis B: Environmental, 198: 295-302.

Wei X, Gao N, Li C, et al. 2016. Zero-valent iron (ZVI) activation of persulfate (PS) for oxidation of bentazon in water. Chemical Engineering Journal, 285: 660-670.

Wu D, Ye P, Wang M, et al. 2018. Cobalt nanoparticles encapsulated in nitrogen-rich carbon nanotubes as efficient catalysts for organic pollutants degradation via sulfite activation. Journal of Hazardous Materials, 352: 148-156.

Wu J, Wang B, Blaney L, et al. 2019. Degradation of sulfamethazine by persulfate activated with organo-montmorillonite supported nano-zero valent iron. Chemical Engineering Journal, 361: 99-108.

Xiao R, Luo Z, Wei Z, et al. 2018. Activation of peroxymonosulfate/persulfate by nanomaterials for sulfate radical-based advanced oxidation technologies. Current Opinion in Chemical

Engineering, 19: 51-58.

Xiao S, Cheng M, Zhong H, et al. 2020. Iron-mediated activation of persulfate and peroxymonosulfate in both homogeneous and heterogeneous ways: A review. Chemical Engineering Journal, 384: 123265.

Xiong Z, Zhang H, Zhang W, et al. 2019. Removal of nitrophenols and their derivatives by chemical redox: A review. Chemical Engineering Journal, 359: 13-31.

Xu Y, Ai J, Zhang H. 2016. The mechanism of degradation of bisphenol A using the magnetically separable $CuFe_2O_4$/peroxymonosulfate heterogeneous oxidation process. Journal of Hazardous Materials, 309: 87-96.

Xu Y, Lin Z, Zheng Y, et al. 2019. Mechanism and kinetics of catalytic ozonation for elimination of organic compounds with spinel-type $CuAl_2O_4$ and its precursor. Science of the Total Environment, 651: 2585-2596.

Yan N, Liu F, Xue Q, et al. 2015. Degradation of trichloroethene by siderite-catalyzed hydrogen peroxide and persulfate: Investigation of reaction mechanisms and degradation products. Chemical Engineering Journal, 274: 61-68.

Yang L, Chen Y, Ouyang D, et al. 2020. Mechanistic insights into adsorptive and oxidative removal of monochlorobenzene in biochar-supported nanoscale zero-valent iron/persulfate system. Chemical Engineering Journal, 400: 125811.

Yang R, Zeng G, Xu Z, et al. 2021. Comparison of naphthalene removal performance using H_2O_2, sodium percarbonate and calcium peroxide oxidants activated by ferrous ions and degradation mechanism. Chemosphere, 283: 131209.

Yang Y, Cao Y, Jiang J, et al. 2019. Comparative study on degradation of propranolol and formation of oxidation products by UV/H_2O_2 and UV/persulfate（PDS）. Water Research, 149: 543-552.

Yao B, Luo Z, Du S, et al. 2022. Magnetic $MgFe_2O_4$/biochar derived from pomelo peel as a persulfate activator for levofloxacin degradation: Effects and mechanistic consideration. Bioresource Technology, 346: 126547.

Ye Q, Wu J, Wu P, et al. 2021. Enhancing peroxymonosulfate activation by Co-Fe layered double hydroxide catalysts via compositing with biochar. Chemical Engineering Journal, 417: 129111.

Yu J, Feng H, Tang L, et al. 2020. Metal-free carbon materials for persulfate-based advanced oxidation process: Microstructure, property and tailoring. Progress in Materials Science, 111: 100654.

Yu Y, Ji Y, Lu J, et al. 2021. Degradation of sulfamethoxazole by Co_3O_4-palygorskite composites activated peroxymonosulfate oxidation. Chemical Engineering Journal, 406: 126759.

Yuan S, Li Z, Wang Y. 2013. Effective degradation of methylene blue by a novel electrochemically driven process. Electrochemistry Communications, 29: 48-51.

Zazou H, Oturan N, Sönmez-Çelebi M, et al. 2016. Mineralization of chlorobenzene in aqueous medium by anodic oxidation and electro-Fenton processes using Pt or BDD anode and carbon felt cathode. Journal of Electroanalytical Chemistry, 774: 22-30.

Zhang F, Wei C, Wu K, et al. 2017a. Mechanistic evaluation of ferrite AFe_2O_4 (A=Co, Ni, Cu, and Zn) catalytic performance in oxalic acid ozonation. Applied Catalysis A: General, 547: 60-68.

Zhang H, Ji F, Zhang Y, et al. 2018a. Catalytic ozonation of *N*, *N*-dimethylacetamide (DMAC) in aqueous solution using nanoscaled magnetic $CuFe_2O_4$. Separation and Purification Technology, 193: 368-377.

Zhang K, Sun P, Faye M C A S, et al. 2018b. Characterization of biochar derived from rice husks and its potential in chlorobenzene degradation. Carbon, 130: 730-740.

Zhang L, Tong T, Wang N, et al. 2019. Facile synthesis of yolk-shell Mn_3O_4 microspheres as a high-performance peroxymonosulfate activator for bisphenol A degradation. Industrial & Engineering Chemistry Research, 58: 21304-21311.

Zhang S, Hu X B, Li L, et al. 2017b. Activation of sodium percarbonate with ferrous ions for degradation of chlorobenzene in aqueous solution: Mechanism, pathway and comparison with hydrogen peroxide. Environmental Chemistry, 14: 486-494.

Zhang W, Qian L, Han L, et al. 2022. Synergistic roles of Fe(II) on simultaneous removal of hexavalent chromium and trichloroethylene by attapulgite-supported nanoscale zero-valent iron/persulfate system. Chemical Engineering Journal, 430: 132841.

Zhang Z, Huang X, Ma J, et al. 2021. Efficient removal of bisphenol S by non-radical activation of peroxydisulfate in the presence of nano-graphite. Water Research, 201: 117288.

Zhao Q, Mao Q, Zhou Y, et al. 2017. Metal-free carbon materials-catalyzed sulfate radical-based advanced oxidation processes: A review on heterogeneous catalysts and applications. Chemosphere, 189: 224-238.

Zhu C, Fang G, Dionysiou D D, et al. 2016. Efficient transformation of DDTs with persulfate activation by zero-valent iron nanoparticles: A mechanistic study. Journal of Hazardous Materials, 316: 232-241.

Zhu Q, Yan J, Dai Q, et al. 2020. Ethylene glycol assisted synthesis of hierarchical Fe-ZSM-5 nanorods assembled microsphere for adsorption Fenton degradation of chlorobenzene. Journal of Hazardous Materials, 385: 121581.

Zhu S, Dong B, Yu Y, et al. 2017. Heterogeneous catalysis of ozone using ordered mesoporous Fe_3O_4 for degradation of atrazine. Chemical Engineering Journal, 328: 527-535.

Zhu Y, Zhu R, Xi Y, et al. 2019. Strategies for enhancing the heterogeneous Fenton catalytic reactivity: A review. Applied Catalysis B: Environmental, 255: 117739.

第3章　高级氧化技术体系系统设计

作为一门新兴的绿色氧化技术，高级氧化技术凭借其 pH 适用范围广、反应速率快、经济效益好等优势，在土壤与地下水污染等环境修复领域得到了广泛研究和应用，并呈现逐年递增的趋势。高级氧化技术在污染土壤和地下水修复应用过程中，如何最大限度地提高活化效率、降低工程应用成本、减少二次污染是保障其顺利应用的重要研究方向，对确保修复成功至关重要，因此高级氧化技术在实施前应对该体系进行系统设计，需考虑场地污染物的结构特点差异，土壤异质性、孔隙、含水率等因素对氧化剂扩散的影响，选择有针对性的活化方式以及协同活化方式等。

本章系统介绍高级氧化修复技术系统设计流程、场地概念模型及场地特征分析、高级氧化技术实验参数获取等系统设计内容。通过本章的学习，读者基本可以掌握高级氧化技术体系系统设计，为后续顺利开展土壤与地下水污染修复提供理论支撑和技术保障。

3.1　场地概念模型及场地特征分析

高级氧化修复技术体系设计和实施前，需要对场地特征进行详细分析并构建合理、详尽的场地概念模型(conceptual site model，CSM)。CSM 是对某一特定污染场地的场地背景，关注污染物(contaminants of concern，COCs)浓度、分布和迁移情况，潜在受体和暴露途径，以及用地类型等信息的梳理和整合。CSM 是一个动态模型，它根据场地初步调查所得数据结果构建而来，并随着整个修复项目周期的详细调查而逐步更新完善。不完善、不合理的 CSM 的建立或在修复技术体系的设计过程中未能全面考虑 CSM 中体现的所有信息，可能导致整个修复工程的失败。

3.1.1　场地概念模型的关键要素

在高级氧化修复技术体系的设计和实施过程中，对场地概念模型的全面了解和掌握是至关重要的。为确保在修复过程中，氧化剂与 COCs 充分接触与反应，需要详细了解污染场地的水文地质特征，污染物及氧化剂的溶质运移、转换和滞留情况。在修复技术体系的设计过程中，如无法合理解决这些关键要素，将对修复效果产生负面影响。表 3-1 列举了在构建 CSM 过程中所需考虑的场地特征参数。

表 3-1　原位高级氧化修复技术体系应用的场地概念模型关键要素

CSM 要素	评述
污染物性质和分布特点	COCs 的水平和垂直分布情况，以及非水相分布区域
人体及生态环境健康风险	COCs 及引进的氧化剂带来的人体及生态环境健康风险
COCs 的迁移及归趋	决定氧化剂的注射位点、浓度、流速及注射方式
场地基础设施和特点	城市及郊区环境、建筑特征及其利用方式、邻近受体、土地现行和未来利用类型
场地地质及水文地质条件	场地岩性特征(岩层结构单元、非均质性、粒度大小、渗透性等)、水文特征(水力梯度、传导系数、达西速率、饱和含水层厚度等)及矿物特征(影响金属的迁移情况)
水文地球化学特征	分配系数(K_d)、pH、缓冲能力等

以上要素通常会影响原位高级氧化修复技术体系的设计、氧化药剂注射方式的选择及其在含水层中的分布情况。表 3-2 列举了这些关键要素及其对高级氧化修复技术体系设计的常见影响。

表 3-2　场地特征参数对氧化药剂分布的影响

CSM 要素	评述
渗透系数及含水层各向异性	地下水流向及氧化剂的迁移通常沿阻力最小的方向进行，渗透系数较小的区域往往修复效果较差。因此，这些区域通常需要多次注射氧化剂
岩性特征	弱透水层通常需要通过高压劈裂等技术来促进氧化剂的扩散；非均质性通常会影响氧化剂的迁移方向及其与COCs的接触情况
非水相(NAPL)及吸附态污染物	影响氧化剂投加量；导致修复效果反弹(仅溶解相被修复完全时)；影响修复类型和范围
水平污染程度	影响修复范围，仅包括污染源区域，部分或全部溶解相污染羽
垂直污染程度	污染羽深度将影响修复成本和修复技术体系设计(如直推式注射、循环井等)
地下设施及管道	使氧化剂流向非修复区域而无法与COCs接触反应；挥发性有机污染及其副产物的潜在通道，导致蒸气入侵发生
地表建筑物	为降低蒸气入侵风险，需对蒸气进行收集和处理

3.1.2　场地特征分析

不同的污染场地具有不同的场地理化特征(场地地质特征、水文地质特征及地球化学特征)，这些场地特征对污染物及氧化剂的迁移转化具有显著影响，进而影响高级氧化修复技术体系设计方案。因此，场地特征分析对评估高级氧化修复技术体系的可行性、修复技术方案的规划和设计、场地中试及修复工程的全面实施均至关重要。

1. 场地地质特征

地下裂缝(裂隙、断层、接缝等)的长度、位置、方向、宽度、密度等影响着污染物和氧化剂的运移。由于裂缝分布的不确定性,污染物和氧化剂在地下裂缝中迁移难以预测。通常,示踪研究有助于确定不同监测井之间的联系、地下水迁移速率、注射药剂的持留时间。钻孔水文物理参数可用于评估裂隙中压力流模式及溶质运移情况,为氧化剂注入前示踪实验的水力特征参数的设定提供依据。由于 $S_2O_8^{2-}$ 和 MnO_4^- 的运移由其浓度分布差异驱动,示踪实验难以完全模拟其垂直迁移情况。而 H_2O_2 与 O_3 在裂隙中的迁移受到限制,故在裂隙发育的区域 Fenton 氧化与 O_3 氧化难以应用。

地下自然产生的非均质性如区域强透水层(古河道、裂隙等)、地下管道和其他人为扰动通常可形成优势流路径。地下裂隙及非闭合介质孔道中的优势流路径中的地下水及污染物迁移模式(速率和方向)往往难以预测,这将对氧化剂注入、传输的效率和均一性产生显著的负面作用。此外,当注射压力较大时,在液压劈裂的作用下往往产生较多的裂隙从而产生优势流路径。优势流路径的产生往往使修复污染物所需的理论用量与实际用量出现较大的差异。Masten 等发现,通过 O_3 氧化法修复地下水中三氯乙烯(TCE)和二氯乙烯(DCE)时,修复效率最低处为离注射井 1.5 m 左右处,修复效率最高处为离注射井 6 m 左右处。这说明,O_3 通过优势流路径迁移至离注射井较远处,使得在注射井周围的污染物与氧化剂接触反应不充分,降低了其修复效率。

通过对场地特征参数的详尽分析和地下水的监控,可避免上述修复过程中的不确定性。同时,在修复区域内,缩短注射井之间的间距也可降低各注射井内氧化剂的迁移距离,进而降低由地下裂隙等造成的氧化剂迁移路径不确定的影响。

2. 水文地质特征

构建合理的场地概念模型的首要步骤是全面掌握水文地质特征(渗透系数、地下水流向及水力梯度、土壤粒径分布、土壤孔隙度)。同时,探明场地土壤非均质性,分析优势流路径对掌握污染物及氧化剂的迁移归趋情况至关重要。

氧化剂注入地下后,将经历平流传输和弥散传输两个途径。氧化剂的迁移距离取决于传输模式、氧化剂的持留时间、地下水流速、注射溶剂浓度(密度)及多孔介质中氧化剂的扩散特征(图 3-1)。例如,MnO_4^- 在饱和含水层、黏土、砂质黏土、泥岩裂隙等地下水介质中具有较长的半衰期和较慢的反应速率,故与其他氧化剂相比,迁移距离更长。此外,当场地含水层渗透系数和水力梯度越大时,污染物及氧化剂的迁移距离也更长。然而,对于 O_3 和 H_2O_2 等其他反应速率较快的化学试剂[如 Fe(Ⅱ)]而言,地下水流速和流向对其迁移影响较小。氧化剂的垂向迁移通常受氧化剂浓度(密度)及地下水垂向水力梯度的影响，例如，当 $S_2O_8^{2-}$ 的浓度、含水层渗透系数和水力梯度较大时，其迁移距离最大。在此种条件下，$S_2O_8^{2-}$ 能迁移出目标修复区域(当 COCs 垂向浓度梯度较小时)，从而降低氧化剂的利用效率。

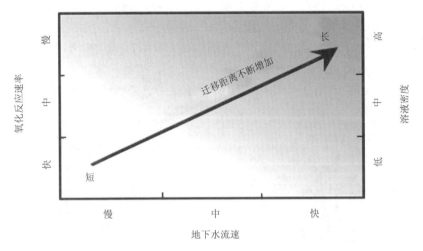

图 3-1　氧化剂的迁移距离与影响因素之间的关系

土壤粒径分布是土壤颗粒尺度的定量指标，通常指土壤颗粒中砂粒、粉粒及黏粒所占比例。钻孔柱状图及土壤粒度分析可分别用于定性及定量评估土壤粒径分布情况。土壤粒径分布对氧化剂的扩散影响较大，因此，在场地概念模型的建立过程中需要对其进行充分考虑。土壤孔隙度(总孔隙度与有效孔隙度)是土壤孔隙的定量指标，在高级氧化修复技术体系设计过程中，土壤孔隙度通常是影响氧化剂投加量(注射体积)的一个重要影响因素。当土壤颗粒较细时，部分土壤孔隙为死孔隙，地下水难以进入和排出。因此，在实际工程应用中，土壤有效孔隙度的测定与分析更为重要。

此外，在渗透性差的区域，人造管路(如水管、电缆、排污管等)可能成为污染及氧化剂的迁移路径。同时，挥发的气态污染物也可通过这些管道和裂隙形成蒸气暴露途径而危害人体健康，因此，在修复体系设计前还需对地下管路等设施进行排查和分析。

3. 污染物特征

在高级氧化技术体系设计中，许多设计参数取决于污染的浓度及分布情况，因此，为了准确地确定氧化剂的注射位点和注射量，需要清楚 COCs 的分布情况。

1)污染物相态

场地中污染物可能存在水相(溶解相)、吸附相(吸附于含水层介质或土壤中)和非水相[NAPL:轻质非水相液体(LNAPL)和重非水相液体(DNAPL)]三种相态,化学氧化过程在此三种相态中均可发生。当水相中污染物被氧化时,由于浓度梯度增加,溶质运移加强,非水相和固相污染将逐渐向水相转化。此外,氧化剂的需求量及修复次数受污染物相态(三种相态污染的所需量大小通常为 NAPL相 > 吸附相 > 水相)、污染物相态间转化及溶质运移的影响,如图 3-2 所示。对场地修复而言,如果评估存在可迁移性 NAPL 相污染物,应首先对其进行修复。Fenton 反应通常会放热并产生大量氧气,因此,如果 NAPL 相污染物是可挥发及可燃性物质(如石油等),需对其安全性进行评估。

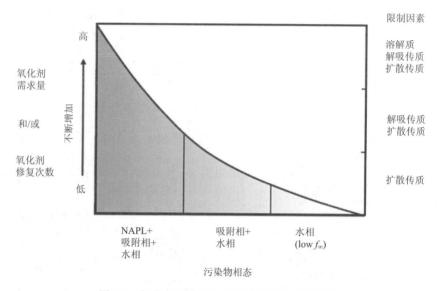

图 3-2　氧化剂需求量与各影响因素之间的关系

2)污染物浓度

高级氧化修复体系的氧化过程可由二级反应动力学方程[式(3-1)]描述。显然,氧化剂除了与目标污染物反应外,还会与中间产物及自由基捕获剂(非目标污染物,如地下水中阴离子、有机质等)反应。高级氧化修复效率不仅与氧化剂与污染物的反应速率常数有关,还与目标污染物的浓度有关,因此,污染物浓度越高、反应速率常数越大,修复效率越高,这也是污染源区化学氧化修复效率较高的原因。对于污染物浓度较低的区域,通常氧化剂的利用效率低下,因此,可采用自然衰减等方法进行修复。

$$\mathrm{d}O/\mathrm{d}t = k_1[O][C] + k_2[O][S] + k_3[O][I] \tag{3-1}$$

式中，k_1、k_2、k_3 为二级反应动力学常数；$[O]$ 为氧化剂（·OH、SO_4^-·）浓度；$[C]$ 为污染物浓度；$[S]$ 为氧化剂捕获剂浓度；$[I]$ 为中间产物浓度。

4. 地下水地球化学特征参数

场地特征调查中的地下水地球化学特征参数，如土壤和地下水中金属元素、可氧化性物质及地下水水质参数[pH、溶解氧(DO)、氧化还原电势(Eh)、地下水阴离子种类和浓度]等对高级氧化修复技术体系的修复效率影响较大。

1) 金属元素

在高级氧化修复工程实施过程中，土壤和地下水中的金属元素(如铁、铬、硒等)可能被氧化剂氧化成易溶形态而增加其迁移性。此外，对金属元素的氧化也额外增加了氧化剂的需求量。因此，在实施原位高级氧化修复技术前，需要充分了解场地中所存在的主要金属元素的种类和存在形态，在修复过程中也需要对这些金属元素进行实时监控。在应用高级氧化技术体系的修复工程中至少应调查分析的金属元素有 As(类金属)、Ba、Ca、Cr、Cu、Fe、Pb 及 Se。此外，还需额外对场地中 Cr(Ⅵ)进行严密监控，因为 Cr(Ⅲ)在强氧化条件下可被氧化成 Cr(Ⅵ)而增加二次环境污染风险。

2) 可氧化性物质

可氧化性物质指场地土壤和地下水中自然存在的能被氧化的有机和无机化合物，分析自然存在的可氧化性物质有助于了解场地对氧化剂的背景需求量(natural oxidant demand，NOD)。在场地修复过程中，氧化剂在地下与 COCs 和自然存在的可氧化性物质的反应通常是同时存在的。因此，在实验室小试过程中，需要采集目标场地的实际污染样品(土壤及地下水污染样品)进行预处理实验，以评估氧化剂的实际需求量。对场地土壤而言，所需测定的指标为土壤氧化需求量(soil oxidant demand，SOD)；对地下水而言，所需测定的指标则为化学需氧量(COD)、总有机碳(TOC)和总无机碳(TIC)。

3) 地下水水质参数

地下水水质参数主要包括 pH、DO、Eh、电导率及地下水温度。地下水 pH 可通过便携式水质参数仪测定。地下水 pH 可影响氧化剂的氧化效率，因为较低的 pH 有利于·OH 和 SO_4^-· 的产生，其对 Fenton 反应和基于活化过硫酸盐的高级氧化技术体系影响较大。大量研究和实验结果表明，通常在酸性 pH(pH 为 3～4)条件下，Fenton 试剂对污染物的氧化降解效果最优。Eh 是地下水环境中氧化还原态势的定量指标，它也可通过便携式水质参数仪测定。当 Eh 为正值时，地下水为氧化环境，通常随着氧化剂的迁移，地下水 Eh 也逐渐升高。随着 COCs 浓度的增加，DO 通常逐渐降低。因此，DO 可用来指示 COCs 的浓度。二氧化碳是 COCs 的氧化产物，通过检测二氧化碳浓度的变化可评估氧化程度和修复率。此外，地下水温度随着氧化反应的开始而逐渐升高，对于采用过氧化物为氧化剂的修复工程而言，需要实时监控注射井中地下水的温度，以确保修复工程的安全进行。随着氧化剂的扩散，地下水电导率将逐渐升高，电导率的变化也可用于评估氧化剂的迁移情况。以上的地下水水质参数获取简便、成本低廉，对这些参数的监测能预测氧化剂的迁移状况及氧化修复的效率。

4) 其他

场地修复工程较为复杂，大部分场地涉及多种修复技术，这些技术的使用通常会暂时或永久地改变场地的特征参数。如果在原位高级氧化修复技术实施前，污染场地已采用过其他修复技术，则需评估该技术对高级氧化修复技术的潜在影响。例如，化学修复技术通常会添加大量的络合剂和表面活性剂，而强化生物修复技术需添加大量的碳源和营养物质，虽然这些化学试剂需要回收处理，且生物质也会被微生物降解消耗，但仍会有一定量的化学药剂和生物质残留，这些残留物将会增加场地高级氧化修复技术的氧化剂需求量。

3.2　原位高级氧化技术系统设计流程

完整的高级氧化修复技术系统设计主要包括三个阶段：可行性评估、试验设计及全面修复设计。

3.2.1　原位化学氧化可行性评估阶段

关键场地特征通常是决定原位化学氧化(in situ chemical oxidation，ISCO)能否作为潜在修复方案的考虑因素。场地特征包括：①污染物的物理形态和浓度是否适合被有效降解；②残留物(包括未降解的污染物、污染物降解的中间产物、采用的修复试剂等)是否满足未来地下水和土地的使用要求；③污染物浓度是否会反弹，如果反弹，需要考虑相应的应对措施；④污染的程度和分布范围；⑤地质地层的均匀性和渗透性是否有利于氧化剂在地下水中的传输；⑥受修复影响的区域范围是否可控(CRC，2018)。

ISCO 修复手段可行性的评估过程分为四个阶段：

第一，根据场地主要污染物类型，快速决定是否将化学氧化法作为修复方案之一；

第二，详细评估化学氧化的有效性，包括场地污染物性质、浓度，对人体健康/环境的潜在风险，水文地质条件及其他场地特征数据(如地面材料、生产工艺、在产情况等)；

第三，在确定使用化学氧化技术后，对其系统设计进行评估，以确定是否包含了必要的技术组成部分，施工过程流程设计是否符合标准，以及是否完成了可行性测试；

第四，对系统运行和监测计划进行评估，确定修复系统启动、长期运行及监测是否具有足够范围和频率，修复进度监测和应急计划是否合适。

1. 初步评估

图 3-3 表示了 ISCO 可行性初步评估所涉及的决策步骤流程图，主要基于以下因素：

(1) NAPL 相。

(2) 土壤渗透性。

(3) 强氧化剂可能损坏地下管道结构。

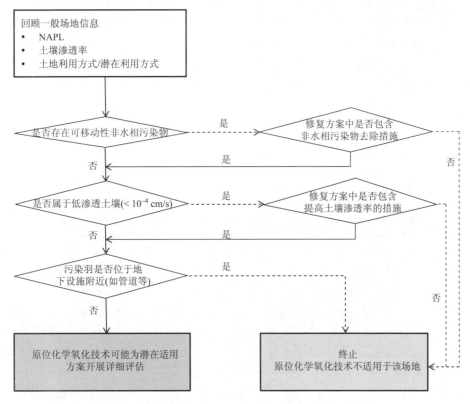

图 3-3　ISCO 可行性初步评估流程图

实线代表适用场景，虚线代表不适用 ISCO 情形

2. 详细评估

经初步评估后，ISCO 成为备选修复技术，此时则需要进行详细评估。在详

细评估程序中,需将以下场地特征信息纳入考虑。

(1)场地基本信息,包括地形和地面高程,初步确定的污染源区和污染羽水平分布范围,场地地面和地下主要基础设施的位置及可能对氧化剂迁移的影响,确定已有监测井、土壤取样点或其他特征取样点的位置,潜在风险受体(饮用水井、地表水、住宅等)的位置。

(2)关注污染物信息,包括污染物种类,横向、纵向污染源(羽)分布情况剖面;源区污染物总量及相分布(溶解相、吸附相、分散或聚集的 NAPL 相等);取样点土壤和地下水关注污染物历史浓度变化;共存污染的历史。

(3)水文地质信息,包括识别场地内岩层信息,确定污染源(羽)所在地质层;确定地下水种类(承压或半承压性质);含水层特征。

(4)地球化学特征,包括地下水氧化还原电位;土壤、地下水 pH;溶解氧;温度;碱度;土壤有机碳含量;其他可能影响自然生物降解的因素,如硝酸盐、硫酸盐、亚铁离子、甲烷及溶解性有机碳等。

另外,主要关注污染物在土壤和地下水中存在的形态也是重要的考虑因素(ITRC,2005)。表 3-3 总结了不同污染物形态和浓度下 ISCO 的可行性。

表 3-3 不同污染物形态或浓度下 ISCO 的可行性

污染物形态或浓度	ISCO 的可行性	备注
可移动或连续的 NAPL 相	低,有挑战性	加入表面活性剂,或使用高浓度的氧化剂
NAPL 残留,不连续	中,有挑战性	加入表面活性剂,或使用较高浓度的氧化剂
高浓度污染物>10 mg/L	高,非常适合	—
低浓度污染物< 1 mg/L	可行,但是成本较高	成本由氧化剂的需求和污染羽的大小决定

污染源区域残留相 NAPL 的存在会给使用 ISCO 技术带来挑战。此时若采用 ISCO 技术则需同时使用助溶剂和表面活性剂。助溶剂和表面活性剂可以使 NAPL 相与氧化剂更好地接触,使降解的可能性增大。但是,NAPL 相的存在会导致污染物浓度的反弹,需要多次注射氧化剂以达到修复目标,详细评估决定树如图 3-4 所示。

3.2.2 试验阶段

ISCO 技术经过可行性评估后,在场地修复前需进行实验室和场地小规模试验,以确定在场地特征条件下 ISCO 能够达到预期修复结果,并在试验中获得实施修复技术时的相关参数,提高设计确定性和大规模场地修复的有效性。

1. 实验室小试阶段

该阶段通常采用一维柱实验或者二维箱实验来模拟环境中三维的情况(EPA,

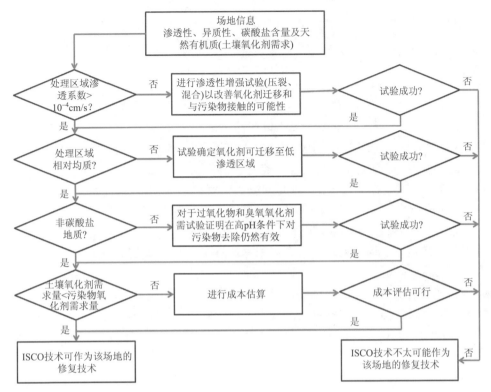

图 3-4　ISCO 有效性的详细评估

2021)。实验室规模试验的目的有如下几点：①量化不同氧化剂在饱和土壤或溶解相中对关注污染物的处理效率，并获得最佳氧化剂/活化剂组合；②评估特定土壤类型下氧化剂的需求(除污染物浓度的影响外，氧化剂的需求还与土壤有机碳含量及还原矿物相的存在有关)；③测试氧化剂/活化剂的持久性能；④评估土壤金属在氧化过程中的潜在迁移性；⑤评估氧化过程中影响污染物降解效率的其他反应过程，如氧化剂的活化、NAPL 相的溶解、污染物的解吸，以及污染物共存对目标污染物的溶解、解吸和降解相关反应速率的影响(Huling and Pivetz，2006)。

　　但是实验室规模的测试通常基于小尺度受扰动的污染土壤和地下水的修复，通常不能很好地重现现场观察到的地质特征和地下水流动特征。因此，在实验室规模试验的基础上，进行场地中试试验是完全必要的。

2. 场地中试阶段

　　中试是在实验室试验获得参数的基础上，选择场地一小块位置进行的试点修复试验。在试验之前，相关单位应明确试验预期，即中试结果将如何支持全面场地修复的设计。因此，在设计中试时，需要考虑以下技术因素。

(1)中试应选在最能代表场地特征的位置进行。

(2)若采用注入式方法,则现有井、新注入井或直推式或组合注入式均可纳入考虑范围。注入点之间的间隔及注入网格的形成至关重要。为确保氧化剂的影响范围,注入点的影响区域应有一定的重叠。

(3)每个注入点周围需设置监测井。监测井应位于每个注入点水力梯度的下方,并设置在距注入点不同距离处,以跟踪氧化剂的分布和收集足够的监测数据。

(4)如存在氧化剂/污染物场外迁移的风险,则应考虑进行拦截。

(5)建立现场监测和取样计划,充分监测氧化剂的分布和污染物处理的有效性。通常,与污染物分析相比,应更频繁地进行氧化剂分布参数[如水位堆积、溶解氧(DO)、氧化还原电势(Eh)、pH]及温度的现场测量。

(6)对于气体注入系统,可通过压力影响、DO增加、氦气示踪、水位堆积和注入气体的浓度分散来评估注入点周围气体氧化剂的影响区域。

(7)液体注入应与气体注入试验分开进行。通过测量压力影响、DO增加、水位堆积或注入流体的浓度变化来评估氧化剂在地下水中的分散,以确保在不同的注入流速下存在适当的影响区域。

中试结果可减少全面场地修复的不确定性,并提供必要的参数,如注入井的位置及间距、注入流速等。中试目标包括:

(1)评估处理效率(如计算污染物质量或浓度的减少量),以减少全面修复的不确定性;

(2)评估氧化剂分布和影响范围;

(3)试验并改进修复参数,如氧化剂用量、注入流速等;

(4)识别并解决可能出现的挑战;

(5)评估可能导致 ISCO 在全面修复中不可用的可能性;

(6)监测中试后地下水水质,评估是否达到相关标准。

3.2.3　场地全面修复阶段

1. 选择 ISCO 实施方法

ISCO 设计时应详细说明将试剂引入和分配到受污染土壤和含水层的方法(NAVFAC,2015)。一般而言,主要分为三种,如下。

(1)氧化剂/活化剂注入法:采用特定设备直接将特定体积的氧化剂和相应活化剂注入受污染土壤和含水层。可采用注射井注入,或直接注入。

(2)循环法:从抽取井中抽取地下水,与氧化剂混合后再通过注入井返回到地下,或使用地下循环井可避免将地下水抽取到地面。该方法适合地下水修复。

(3)搅拌混合法:使用大型螺旋钻或通道和沟槽引入氧化剂,并进行充分搅拌。

该方法适用于黏土等低渗透性土壤。

实施方法选择参考依据如表 3-4 所示。

表 3-4　选择 ISCO 实施方法的参考

考虑因素	直接注入	循环法	土壤搅拌
水力控制液体的能力	具有将溶解的污染物从处理区域置换出来的能力	比直接注入具有更好的水力控制	良好的水力控制
是否需要水源	需要水源进行试剂混合	从提取井提取的水可用于试剂混合并重新注入	固体试剂可直接混入土壤中,无须使用外来水
应用难易及快慢	操作相对较快	设备较多,需要较长时间操作	设备较多,操作相对较快;操作随着深度加深而变难
土壤渗透性的限制	难以在低渗透性土壤类型应用	当水力传导系数大于 10^{-4} cm/s 时更有效	适用于低渗透性土壤;根据场地未来规划,可能需要修复后稳定
地上设备规模	地上储存及混合、注入设备	比注入方法多抽取设备	除基本设备外,还需大型现场搅拌设备
氧化剂与污染物的接触	难以确保试剂与污染物的充分接触	若在地上处理,则可实现与污染物较好的接触	使用双轴搅拌器可以实现非常好的接触混合

2. 计算氧化剂浓度及体积

一方面,在确定氧化剂的浓度和体积时,通常需要考虑以下因素:

(1)吸附相、溶解相及非水相污染物降解到目标浓度所需总氧化剂量加上场地自然存在还原剂(有机质、还原矿物等)消耗的氧化剂量;

(2)氧化剂的反应速率和持久性,这可能限制其影响半径;

(3)期望影响半径。

另一方面,氧化剂的注入浓度与氧化剂种类和注入体积有关。使用氧化剂的总质量由前期试验和场地污染物总量确定,将该质量溶解在上述使用液体体积中即获得氧化剂的注入浓度。

3. 图纸准备

设计及施工图纸是现场施工不可或缺的部分。ISCO 设计图纸要求至少具备以下信息。

(1)场地概况:描绘场地现有(历史)基础设施(包括地上和地下部分)、附近敏感受体、污染物分布;

(2)场地概念模型:以文字、图表等方式对场地的土壤、水文地质条件、污染源、受体及污染物归趋和影响受体的暴露途径等进行的综合描述,它详细描述了场地污染源释放的污染物通过土壤、水和空气等环境介质，进入人体并对场地及场地周边的居住、工作人群的健康产生影响的关系；

（3）注入（提取）/监测井设计：包括注入（提取）/监测井结构、位置、间隔等细节；

（4）场地地质剖面图：详细描述场地水文地质概况；

（5）地上部分注入和处理设备：包括地上储罐、混合设备及泵的位置等。

3.3　异位高级氧化技术系统设计

异位化学氧化（ESCO）技术是通过向挖掘后的土壤或抽出后的地下水中添加化学氧化剂，利用氧化剂与目标污染物间发生氧化还原反应，从而使土壤或地下水中的污染物转化为无毒或相对毒性较小的物质。其中，异位化学氧化技术常用的氧化剂包括高锰酸盐、过氧化氢、Fenton 试剂、过硫酸盐和臭氧。该技术可用于处理石油烃、BTEX（苯、甲苯、乙苯、二甲苯）、酚类、MTBE（甲基叔丁基醚）、含氯有机溶剂、多环芳烃、农药等大部分有机物。但异位化学氧化不适用于重金属污染土壤的修复，对于吸附性强、水溶性差的有机污染物应考虑必要的增溶、脱附方式。与原位化学氧化技术不同，异位化学氧化技术适用于污染物浓度不高，但修复要求较高的情形。

3.3.1　异位化学氧化技术系统构成和主要设备

异位化学修复系统通常由预处理系统、药剂混合系统和防渗系统等构成。

1. 预处理系统

预处理系统由破碎筛分铲斗、挖掘机、推土机等设备构成，主要功能为破碎、筛分开挖出的污染土壤或向污染土壤中添加改良药剂等。

2. 药剂混合系统

药剂混合系统主要由行走式土壤改良机、浅层土壤搅拌机等设备构成。根据设备混合方式的区别，药剂混合系统可分为两种类型：①带有搅拌混合腔体的内搅拌设备，该混合方式下，污染土壤和药剂在设备内部混合均匀；②搅拌头外置的外搅拌设备，该混合方式下，需要设置反应池或反应场，使污染土壤和药剂在反应池或反应场中通过搅拌设备混合均匀。

3. 防渗系统

防渗系统为反应池或是具有防止药剂和溶液外渗能力的反应场，且防渗系统需能抵抗搅拌设备对其的损坏。通常防渗系统有两种类型，一种采用抗渗混凝土结构，一种是采用防渗膜结构加保护层。

3.3.2　异位化学氧化技术的关键参数和指标

异位化学氧化技术修复效果通常受污染物性质、污染物浓度、药剂投加比、土壤渗透性、土壤活性还原性物质总量或土壤氧化需求量(SOD)、氧化还原电位、pH、含水率和其他土壤地质化学条件等关键技术参数的影响。

1. 土壤活性还原性物质总量

土壤活性还原性物质可与目标污染物竞争消耗氧化剂，因此，向污染土壤中投加氧化药剂时，除考虑土壤中目标污染物的消耗量外，还应兼顾土壤活性还原性物质总量所带来的氧化剂消耗的本底值，将本底值和污染物消耗值进行加和计算，即得到总氧化剂投加量。

2. 药剂投加比

根据修复药剂与目标污染物反应的化学反应方程式计算理论药剂投加比，并根据实验结果予以校正。

3. 氧化还原电位

污染土壤的氧化还原电位可通过补充投加氧化剂、改变土壤含水率或改变土壤与空气接触面积等方式进行调节。

4. pH

通常不同的氧化修复体系适用的 pH 不同。例如，Fenton 试剂的最佳 pH 为4.0 左右。因此，需要根据土壤初始 pH 条件和反应体系的特性，有针对性地调节土壤 pH。最常用的土壤 pH 调节方法有加入硫酸亚铁、硫黄粉、熟石灰、草木灰及缓冲盐类等。

5. 含水率

对于异位化学氧化反应,土壤含水率宜控制在土壤饱和持水能力的90%以上。

3.3.3　异位化学氧化技术的实施

1. 应用基础及前期准备

在修复方案实施之前，首先应对所选取的修复技术进行实验室小试，判断修复效果是否能达到修复目标要求。同时，通过小试试验获取最佳药剂投加比、pH、含水率等关键参数和指标，以此指导场地中试试验并记录相关试验工程参数，然后根据中试试验结果判断大规模实施修复方案的可行性，指导全面修复工作的开展。

2. 修复工作的开展和实施过程

异位化学氧化修复技术的实施流程如图 3-5 所示。

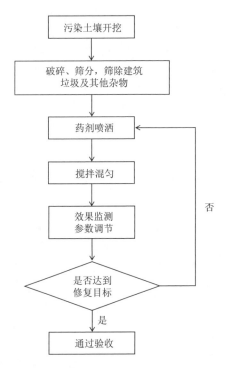

图 3-5　异位化学氧化修复技术实施流程图

3. 运行维护及监测

异位化学氧化修复技术实施过程中需要对关键参数进行监测以评估修复效果或根据参数结果判断反应条件，并对关键参数进行调整直至完成修复目标。主要监测指标如表 3-5 所示。与原位化学氧化技术相比，异位化学氧化技术所需要进行的运行维护工作较少，只有当选用特定氧化剂时需要根据氧化剂的性质进行参数调整。例如，采用碱活化过硫酸盐时需根据 pH 的变化适时调整，若 pH 降低到无法维持碱活化的时候，需要添加氢氧化钙来提高 pH。此外，还需根据氧化剂的性质，按规定要求存储和使用氧化剂，如过氧化氢浓度较高时容易爆炸等。

表 3-5 异位化学氧化监测指标

监测指标	用途及目的
目标污染物浓度	评估修复效果
残余药剂含量、中间产物、氧化还原电位、pH、温度及含水率	判断反应进程、条件及是否需要调整反应参数

4. 修复周期及应用成本

异位化学氧化修复技术的修复周期与修复所选择氧化剂、目标污染物初始浓度、污染物与氧化剂的反应机理等因素有关。一般周期较短，可在数周至数月内完成。依靠修复效果可靠、处理周期短等优势，异位化学氧化技术已在国外形成较完善的技术体系，使用广泛，国外处理成本约为 430 美元/m³。而异位化学氧化技术在国内于 2011 年之后开始在一些工程修复项目上实施，发展较快，并于 2014年入选由环境保护部编写的《污染场地修复技术目录(第一批)》(中华人民共和国生态环境保护部，2014)，处理成本约为 1000 元/m³。

3.4 高级氧化技术实验参数获取

目前高级氧化技术在污染场地修复中普遍存在加药过量和二次污染的问题。加药过量的原因，一方面是为了确保能够达到修复目标，另一方面是场地水文地质的变化使得一次加药后修复药剂不能均匀分布在土壤和地下水中，或者达不到预期目标，导致实际修复过程中需要多次加药。同时，另一个很重要的原因是场地修复前期没有进行小试-中试研究，或者试验不准确，也可能会导致加药过量，造成过硫酸盐等氧化剂在氧化降解的过程中产生大量硫酸盐，改变酸度或碱度，导致土壤和地下水酸化或盐碱化，进而降低了污染场地修复后的利用价值。比如，酸性环境下土壤中的重金属可能会溶出并随地下水迁移，土壤的盐碱化限制了其作为绿化用地的可能。因此，开展大规模修复工程前，准确地获取实验参数至关重要。

3.4.1 原位氧化技术应用中的常见氧化剂

在 ISCO 修复技术中最常用到的氧化剂为高锰酸钾、过氧化氢(与铁结合则为Fenton 试剂)、过硫酸盐及臭氧(于颖和周启星，2005)。氧化剂的主要氧化物质、物理形态和持久性如表 3-6 所示，表中所示氧化剂的物理形态与场地修复使用时相同。在氧化剂的注射期间及注射之后，活性物质与污染物的接触受待修复区域水文地质条件的影响，如含水层类型、水力传导系数、地下水流速等。活性物质在地下的有效传输是决定受污染场地修复成功的最重要因素。氧化剂在含水层的持久性将影响其在平流和扩散传输时与污染物的接触时间及影响范围。例如，高锰酸盐的稳定性最优，因此其扩散到低渗透区域并拥有更大的修复范围的可能性更大，而过氧化氢在土壤和含水层中的稳定时间只有几分钟至数小时，这会限制其在含水层中的扩散范围。

表 3-6 常用氧化剂基本性质

氧化剂	主要氧化物质	物理形态	持久性
高锰酸盐	MnO_4^-	粉末/溶液	>3 个月
Fenton 试剂	•OH、•O_2^-、HO_2•、HO_2^-	溶液	几分钟至几小时
臭氧	O_3、•OH	气体	几分钟至几小时
过硫酸盐	SO_4^-•	粉末/溶液	几小时至几周

注：氧化剂的持久性是指进入场地后产生氧化能力的时间，该时间会随着污染场地的特征变化而变化，此处为经验积累的一般值。

除了氧化剂本身的稳定性对其降解污染物具有重要作用外，污染物的性质也影响着修复时对氧化剂的选择。表 3-7 显示了不同氧化剂降解场地污染物的可能性。对于复合污染场地而言，则要根据顺序降解的原则进行氧化剂的选择。

表 3-7 不同污染物与常用氧化剂的反应性

污染物	氧化剂种类				
	高锰酸盐	Fenton 试剂	活化过硫酸盐	臭氧	O_3/H_2O_2
石油烃	中	高	高	高	—
苯系物	高	高	高	中/高	高
苯	低/中	高	中/高	中/高	高
苯酚	中/高	高	高	高	高
多环芳烃	中/高	中/高	中/高	中/高	中/高
甲基叔丁基醚	中等	中/高	中/高	中/高	高
氯乙烯	高	高	高	高	高
氯乙烷	低	低/中	中/高	中	低
氯苯	低	高	高	高	高
氯仿	低	低	中/高	低	低
四氯化碳	低	低/中	低/中	低/中	低/中
多氯联苯	低	低/中	低/中	低/中	中/高
炸药类	中	中/高	中/高	高	高
杀虫剂	中	—	中/高	高	高
1,4-二恶烷	低	高	高		高

除了考虑对目标污染物的有效性以外，氧化剂本身的特点也是选择过程中必要的考虑因素。

1. 高锰酸盐

高锰酸盐是迄今为止使用最多的氧化剂。它不需要额外的活化措施，使用时仅需考虑其本身的输送即可。高锰酸盐在地下的持续时间最长(几个月到一年)，但其对污染物的有效性很大程度上取决于自然氧化剂需求量。高锰酸盐施用后，由于与天然有机质、还原矿物及其他还原剂的快速反应导致其有限的影响半径。因此，在选择高锰酸盐时，待修复场地的自然氧化剂需求量是最主要的考虑因素。

2. 臭氧

臭氧是唯一一个以气体形式作用的氧化剂，因此需考虑的独特性更多。首先，如果同时修复渗流区和饱和区，由于气体传输的优势，在对目标污染物都有效的情况下，采用臭氧更加合理。其次，液体氧化剂通常更倾向用于污染源区的修复，而过去的修复案例表明臭氧在污染羽和污染源区的使用频率几乎是一样的。再者，臭氧的使用导致大量氧气在地下环境中产生，这为污染物的好氧微生物降解提供了有利条件。因此，若选用臭氧进行修复，可在前期实验中对目标污染物及其臭氧氧化产物的好氧微生物降解进行一定的研究。

一方面，由于在修复时臭氧必须现产现用，这导致施用速率相对较慢(约 50 kg/d)，也因此需要较长的修复时间(平均时间 280 d)才能达到修复目标。另一方面，大部分用于臭氧修复的设备都是全自动化的，因此除了最初的设备安装，后续人力的需求很小。此外，臭氧可直接从臭氧发生器中注入，也无须化学混合和稀释设备。但是，臭氧的使用通常需配套土壤气抽提、收集及处理装置，以避免土壤中可挥发性有机污染物直接溢出地面。

臭氧相对液体氧化剂来说通常具有更大的影响半径，但是其分布相对更为异质。根据以往经验，相对于连续性注入，臭氧的间歇性注入(如注入 8 h，停歇一段时间)可能达到更好的分布。

3. 过氧化氢

过氧化氢在地下环境的持续时间最短，通常在一到两天就会被全部消耗，因此在输送策略上与其他氧化剂略有不同。首先，采用高浓度的氧化剂使其在短时间内与目标污染物快速反应。而且，有些利于污染物解吸和降解的活性自由基(如超氧自由基)只在高浓度条件才能大量产生。但是，浓度并不是越高越好，需要与实际需求进行平衡，以避免过于剧烈的反应而产生不良后果。通常，场地应用的浓度在 10%～15%。

其次，由于过氧化氢在反应中会产生大量的气体(以氧气为主)，这些气体反过来有助于氧化剂的迁移，使得其实际影响范围比与液体预测的要大。由于气体引起的平流对氧化剂在地下环境的扩散起到积极作用，使其更容易与目标污染物接触而提高效率。

在过氧化氢的使用中，需要额外添加催化剂或者稳定剂以增强其降解污染物的能力或提升其持续作用的时间。部分催化剂或稳定剂需要与过氧化氢同时输送到地下以产生作用，另一些则在氧化剂之前注入地下，随后可能进行多次的氧化剂施用。因此，在修复技术设计时应同时考虑这两者的施用，包括总的注入体积、井间距及成本估算等。

4. 过硫酸盐

过硫酸盐高级氧化技术越来越多地应用于石油烃类、多环芳烃类等挥发性和半挥发性有机污染物的治理修复，该技术在有效达到修复目标的基础上修复周期较短。相对于其他三种氧化剂，过硫酸盐是最近几年才逐渐应用到场地修复领域的，相关的使用经验和标准还在发展中。因此，此处列出的几点考虑可能会随着其使用经验的丰富而有所变化。

首先，与过氧化氢相似，使用过硫酸盐通常意味着需要配套使用活化措施使其产生氧化性更强的自由基。应用于场地的活化措施有碱活化、亚铁离子或亚铁离子络合物活化、过氧化氢及加热活化(范德华等，2019)。根据活化措施的特点，在场地应用时需选用不同输送顺序，和过硫酸盐同时施用，或者在施用过硫酸盐之前或之后施用。过硫酸盐相对于过氧化氢而言在地下环境的稳定性更好，一般可持续几周到几个月，有时比活化剂作用时间更久。此外，对过硫酸盐而言，有时需要采用多种活化方法。因此在进行施工方案的设计时，除了考虑氧化剂本身，也必须考虑活化措施的使用，这对方案设计和修复成本都有重要影响。从使用方法上，考虑到已施入的过硫酸盐可能需要定期再活化，安装成本相对高的永久注入井比采用直推注入更灵活。

3.4.2 实验室小试

对大部分原位氧化修复技术的应用而言，实验室小试的目的是定量在土壤和地下水环境中氧化剂与污染物反应的效率，以确保原位氧化技术能成功使用于实际场地修复中。在复杂的、非均质的体系中，通常难以预测修复过程中会发生哪些特定反应、污染物中间产物或修复技术应用时的任何潜在限制因素。而实验室小试通常在理想化的实验条件下完成，体系简单，故而可以用来对实际场地修复中可能出现的情况进行模拟和预测。然而，需要指出的是，实验室小试与实际场地修复时所处环境有很大差异，因此，将实验室小试的结果用于指导设计实际修复方案时需极为谨慎。

1. 实验室小试目标

实验室小试的目的之一是为了验证 COCs 是否能被氧化降解。对以 MnO_4^- 为氧化剂的修复体系而言，实验室小试的另一个目的是确定氧化剂需求量。实验室小试的实验结果和提供的信息，通常被用来评估原位氧化技术的可行性，辅助氧化剂注射方案(注射工艺和用量)和场地中试及实际修复工程的方案设计。实验室小试需要验证在合理的氧化剂用量及实验条件下，主要污染物能发生降解。例如，对 Fenton 体系而言，其最优反应 pH 为 2.0～4.0，如果实际场地无法通过调节 pH 或其他方式使 pH 达到这一范围，则在实验室小试时，反应的 pH 不可设定为 3.5～4.0。否则，实验室小试所得结果将无法准确预测实际修复效果。

2. 一般准则

污染物通常富含于含水层介质中，且含水层介质的其他水文地质参数会影响氧化剂需求量参数，进而影响修复工程的成败。因此，在实验室小试过程中应真实还原含水层环境状态，在反应发生器中加入含水层介质以充分模拟实际情况。此外，为计算物质平衡，在实验室小试过程中需对可能造成污染物损失的各个环节进行监控分析。其中，污染物损失主要包括挥发、溶解、形成 NAPL 相等。例如，当以 H_2O_2 为氧化剂时，反应会产生大量热量并释放 O_2 从而增加污染物的挥发，如果在实验室小试中忽略了监测挥发过程带来的损耗，则会高估氧化降解的修复效率。

实验室小试过程中应监测的直接参数为 COCs 浓度、反应中间产物及副产物、金属离子及氧化剂浓度(H_2O_2、$S_2O_8^{2-}$、MnO_4^-、O_3)，这些参数能直接反映氧化处理的修复效率。同时，还需监测的间接参数有 CO_2、DO、TOC、COD 及温度。在反应过程中，还可通过严格控制反应条件以助于定量非氧化过程造成的 COCs 损失。此外，为更准确地计算物质平衡、评估修复效果，应测定反应前后固相、水相及气相中的氧化剂和污染物。

3.4.3　场地中试

场地中试是在实验室试验获得的参数的基础上，选择场地一小块位置进行的试点修复试验。它能为原位氧化技术体系的设计及全场地尺度修复方案的实施提供极为重要的信息和依据。

1. 场地中试目标

场地中试的目标主要包括以下几个方面：

(1)确定氧化剂注射速率和注射压力。

(2)估算氧化剂的迁移时间和距离，了解氧化剂和活化剂在地下的持留时间。

(3)探明地下水中污染物是否具有迁移性和挥发性。

(4)评估金属元素的迁移性。

(5)判断场地阶段性修复完成后污染物是否会反弹并鉴定其中间降解产物。

(6)开展前期污染物氧化修复效率评估，评价监控系统是否完善。

(7)发现实际场地修复过程中出现的问题,预测全面修复工程开展时可能出现的问题并探索其解决办法。

2. 一般准则

场地中试过程中，需要评价氧化修复的效果，评估修复后场地污染反弹的情况。此外，在 Fenton 修复体系中，由于 H_2O_2 的注入会产生 O_2，同时还会产生大量的热量，这将增加地下水中总溶解性固体浓度，对地下水环境产生较大的扰动，且该扰动需要较长的时间才能重新达到平衡。因此，在场地中试后，还需要对地下水环境质量进行一段时间的监控。这些监控数据所提供的信息将为后期修复方案的设计提供依据，也能为全面场地修复过程中监测体系的设计和实施提供一定的指导。

一般来说，场地中试过程中，氧化剂的注射过程为由外而内开展的，主要分为两步：首先，在已确定的污染羽周边注射氧化剂；然后，在污染羽中心地区注射氧化药剂，这部分氧化剂将通过迁移向周围扩散至外围已注射过氧化剂的区域。理论上来说，这种氧化剂注射方案能有效降低污染物从污染羽向未污染区域的迁移扩散。氧化剂注射以后，通过对地下水样品中污染物浓度的监测，能有效评估方案的修复效率。然而，氧化剂在地下溶质中的迁移转换过程可能较为缓慢，因此，为了评估的有效性，在取地下水样品前需预留充足的时间，以使污染物与氧化剂完全反应。土壤岩心样品能为氧化修复效果提供及时反馈信息，但在土壤岩心样品中，污染物浓度变异较大。因此，为降低评估的不确定性，需要采集足够数量的土壤岩心样品。

3.4.4　氧化剂浓度和体积估算

在确定氧化剂的浓度和体积时，通常需要考虑以下因素：

(1)吸附相、溶解相及非水相污染物降解到目标浓度所需总氧化剂量，加上场地自然存在还原剂(有机质、还原矿物等)消耗的氧化剂量。

(2)氧化剂的反应速率和持久性，因为这可能对其影响半径造成影响。

(3)预期的影响半径。

氧化剂的注射体积与目标修复区域地下孔隙体积和裂隙分布直接相关。此外,在修复工程中，须保证氧化剂不会注射到目标修复区域以外，以达到氧化剂的高效利用。

为使氧化剂的影响半径达到预期目标，其理论注射体积与地下孔隙度关系密切。氧化剂注射至目标修复区域后，将会置换土壤孔隙中原有的孔隙水。对一般情况而言，将液体氧化剂注入各向同性、均质的含水层中，注入的氧化剂将替换与其同等体积的孔隙水。其中，孔隙率(η)为总孔隙度除以总体积。

在各向同性、均质的含水层中，氧化剂替换孔隙水的过程以圆柱形向外扩散（图 3-6），当确定氧化剂的预期影响半径和深度时，则可计算出理论上受氧化剂影响的土壤体积。将该体积乘以土壤孔隙度所得到的结果即注入氧化剂体积的基线体积。该方法是高度简化的计算方法，而实际上，地下环境是高度异质且各向异性的，并且可能存在次生孔隙(裂缝、断层、人为孔道等)影响孔隙水运动。例如，地下许多孔隙是不连通的，这些不连通的死孔隙中的孔隙水是无法被氧化剂替换出来的。诸多的因素将影响实际修复过程中氧化剂注射体积的确定。因此，在计算氧化剂注射体积的过程中，前期工作经验和场地试验都极为重要。

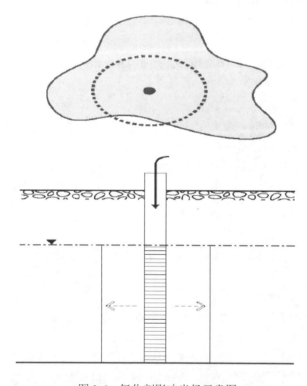

图 3-6　氧化剂影响半径示意图

氧化剂的注入浓度与氧化剂种类和注入体积有关。使用氧化剂的总质量由前期试验和场地污染物总量确定，该质量溶解在上述使用的液体体积中即获得氧化剂的注入浓度。对于选取不同氧化剂种类的修复工程中，为确定氧化剂的注射浓度还应考虑以下因素。

1) 过硫酸盐体系

过硫酸根本身与污染物的反应速率较低，需要与活化剂同时使用。Fe-EDTA通常作为活化剂使用，最佳负载量为 100~200 mg/L。有研究表明，采用碳酸钠可以有效地进行 pH 缓冲，使 pH 在 5 以上，并且不会对最终挥发性有机化合物（VOC）的氧化产生影响。其最佳负载量是过硫酸盐的 20%。同时应考虑土壤异质性、含水率、孔隙等因素对氧化剂迁移扩散的影响，选择有针对性的活化方式，最大限度地提高效率、降低成本、减少二次污染（王海鑫等，2022）。

2) Fenton 体系

过氧化氢注入浓度通常为 3%~35% H_2O_2（按质量计），可在低压或高压下施加。使用 H_2O_2 要求注射孔中的 pH 维持在 3.5~5，以避免三价铁的沉淀。盐酸、硫酸、柠檬酸和磷酸通常用来调节 pH。在碳酸盐含量高的含水层，则需要改变活化剂形态，使其适应中性条件。最低 3% 的 H_2O_2 用于引发反应。在低浓度可生物降解的污染物情况下，可不加入活化剂，仅添加额外的氧来增加 BTEX 污染物的生物修复。最大浓度 35% 的 H_2O_2 适用于 DNAPL 处理。过氧化氢与活化剂的比例应在试验阶段确定。

3) 臭氧体系

当臭氧由氧气产生时，浓度在 5%~10%（质量分数）的范围内；当由空气产生时，浓度约为 1%。使用臭氧的原位氧化过程是连续的过程。所需臭氧制造器的容量由所需的总氧化剂负载、可行的气体流速和处理的允许时间确定。例如，如果需要 3000 kg 的臭氧，处理时间为一年，那么臭氧制造器的容量为 3000 kg÷365 d≈8.2 kg 臭氧/d。

3.5　高级氧化技术体系设计的安全和健康要求

与其他污染场地修复技术一样，高级氧化修复技术体系的施工安全性及其对人体/环境健康的影响分析是修复体系方案设计时不可忽略的部分。除一般安全与健康要求以外，还有以下两个方面的重要要求。

(1) 氧化剂使用与存储方面的安全与健康要求。

(2) 原位高级氧化技术热动力学方面的安全与健康要求。

3.5.1　高级氧化修复技术的安全设计要求

场地修复方案的合理设计是保障施工安全与降低人体及环境健康风险的重要保障。在对修复方案可行性的论证过程中，应将人体和生态环境健康安全置于首位。此外，当修复方案的实施需要采取额外安全保障措施时，也需要考虑修复方案的费用问题。

修复方案实施前，须委任安全负责人，专门从事安全协调和管理工作。在整个修复过程中，施工操作人员应严格遵守安全施工要求。为保障施工安全与人体/环境健康，在设计修复方案时应考虑以下内容。

(1)建立材料安全数据表(material safety data sheets, MSDS)。MSDS应囊括修复工程中需使用的所有化学药剂，并由专业人士对其进行评估。

(2)材料的安全隐患和预防措施。

(3)进行详尽的风险评估，鉴定和定量所有潜在风险，提出预防和处置措施，监测氧化剂和污染物对离场受体的影响。

(4)评估氧化剂对所有材料的腐蚀耐用性。

(5)对施工人员进行科学、系统的培训，使其掌握修复工程中所需使用的化学药剂的理化性质。

值得说明的是，高级氧化修复技术方案的设计是一个动态过程，其旨在确定一个在修复效率、费用及安全方面综合最优的工程方案，因此，在修复工程的实施过程中，需要不断地完善修复方案，解决新出现的安全风险。

3.5.2　氧化剂存储和使用的安全与健康要求

用于原位氧化修复技术的氧化剂具有强氧化性、高活性的特点。因此，当施工人员接触时，这些氧化剂将对人体组织产生一定的危害。其中，呼吸摄入途径是危害最大的暴露途径。当人体通过吸入粉尘或液态雾气的方式摄入氧化剂时，氧化剂将氧化人体肺泡，对呼吸系统产生危害。防毒面具无法隔离O_3，因此，施工人员在施工时需要佩戴专门的防护设备，且在氧化剂注射过程中，至少保证有两名工作人员同时在场。大部分情况下，O_3是在现场原位生产和注射的，避免了其在运输过程中可能产生的危害。但是，当O_3浓度高于 2 mg/L 时，将会对眼睛和肺部造成永久性损伤。由于氧化剂的高活性，其还可能对地下公共设施(如电缆、管道等)造成破坏。此外，当氧化剂迁移至离场环境时，可通过实时监控和中和的方式对其环境风险进行控制和管理。

3.5.3　热动力学方面的安全与健康要求

高级氧化反应相对较快，因此，反应体系通常以热量和压力的方式快速释放大量的能量，此外，反应还可能产生大量氧气。虽然，氧化剂本身是不可燃的，但由于反应释放大量的氧气，增加了火情风险。

例如，当浓度较高时，过氧化氢将通过与金属或明火接触的方式加速自我分解的过程，进一步产生更多的热量和氧气，极容易发生爆炸。因此，使用过氧化氢为氧化剂时，应通过添加抑制剂、控制过氧化氢浓度、降低反应体系的压力和温度等方式以降低反应速率。当 COCs 为可燃性物质(如石油)时，应格外注意起火风险。当场地修复工程中使用 Fenton 试剂时，产生的热量可能促进污染物的挥发，进而易导致火灾或爆炸事故的发生。因此，通常修复工程中过氧化氢的浓度应低于 11%。

3.6　小　　结

高级氧化技术体系系统设计需考虑诸多重要环节，如氧化剂的选择涉及以下关键概念：

(1) 是否有能力降解目标污染物？是否需要催化剂或其他添加剂提高氧化效率？

(2) 土壤氧化需求量(SOD)是一种测量土壤中自然发生物质的方法，它将影响一些氧化剂的性能。对于非选择性的氧化剂而言，较高的 SOD 将会增加修复的成本，因为需要消耗更多的氧化剂。

(3) 土壤/地下水系统的自然 pH 是多少？一些氧化剂需要在酸性环境下才能工作，如果土壤是碱性的，则需要在氧化剂之外添加酸。

(4) 氧化剂的分解速度将如何影响应用策略？一些未反应的氧化剂可能在地下停留数周至数月，而其他氧化剂则在注射后数小时内发生自然分解。

选择的输送系统类型取决于污染物的深度、氧化剂的物理状态(气体、液体、固体)及其分解速率。反铲、挖沟机和螺旋钻已用于将液体和固体氧化剂排入受污染的土壤和污泥中。液体可以利用重力通过井和沟槽输送，也可以注入。对于包气带，重力的缺点是影响面积相对较小，需要更多的注入点，因为唯一的驱动力是水头，它将限制水平扩散或将其限制在地下最具渗透性的部分。通过井的筛管或直推式钻井(DP)的探头加压注入液体或气体，会迫使氧化剂进入地层。DP 钻机可以提供一种经济高效的方式来输送氧化剂，如果需要，可以将该孔作为小直径井进行后续注入。还可以通过水力或气动压裂添加高锰酸盐和其他固相化学氧化剂。

场地地层对氧化剂的分布起着重要的作用。细粒度单元将氧化剂重定向到渗透性更强的区域，难以渗透；因此，当污染物扩散出去后，它们可能成为反弹的源头。当这种扩散发生时，长寿命的氧化剂(如高锰酸盐)具有保持活性的潜力，它们可以缓解一些潜在的反弹。

在 NAPL 的特殊情况下,水基溶液中的氧化剂将只能与污染物的溶解相反应,因为水溶液和疏水的 NAPL 不会混合。该特性将氧化活性限制在氧化剂溶液/NAPL 界面上。成本估算取决于场地地下的异质性、土壤氧化需求、氧化剂的稳定性及污染物的类型和浓度。

原位/异位化学氧化技术的选择应根据系统判断综合决定。原位化学氧化技术在施工过程中不需要清挖土壤和地下水介质,基本不破坏地层结构,污染物暴露面积小,施工简单且修复成本相对较低。而异位化学氧化技术适合可以清挖或异位修复的土壤或地下水介质,考虑的因素较少。具体技术的选择需根据场地水文地质条件、污染物初始浓度、污染范围和深度、污染物种类等综合考虑,同时要兼顾技术的可行性、工程的可实施性、成本的经济性。

参 考 文 献

范德华, 崔双超, 时公玉, 等. 2019. 有机污染土壤化学氧化修复技术综述, 3: 104-105.

王海鑫, 吕宗祥, 钟道旭, 等. 2022. 过硫酸盐高级氧化技术活化机理的研究进展, 44(13): 90-93.

于颖, 周启星. 2005. 污染土壤化学修复技术研究与进展. 环境污染治理技术与设备, 6(7): 1-7.

中华人民共和国生态环境保护部. 2014. 污染场地修复技术目录(第一批).

CRC. 2018. In-situ chemical oxidation. Version 1. CRC for Contamination Assessment and Remediation of the Environment-Technology Guide. Newcastle: Cooperative Research Centre for Contamination Assessment and Remediation of the Environment, Australia.

EPA. 2021. Community guide to in situ chemical oxidation. EPA 542-F-21-024. Washington DC: US Environmental Protection Agency.

Huling S G, Pivetz B E. 2006. In-situ chemical oxidation. EPA/600/R-06/072, Engineering Forum Issue Paper. Washington DC: US Environmental Protection Agency.

ITRC. 2005. Technical and regulatory guidance for in situ chemical oxidation of contaminated soil and groundwater. 2rd ed. In Situ Chemical Oxidation Team of the Interstate Technology & Regulatory Council, USA.

NAVFAC. 2015. Design considerations for in situ chemical oxidation. Technical Memorandum. Prepared for Naval Facilities Engineering Command Engineering and Expeditionary Warfare Center under Contract No. N62583-11-D-0515.

第4章 高级氧化技术应用及施工工艺

随着工业化进程的加快，大量污染物被排放到环境中，导致了严重的地下水及土壤污染。相比传统的污染修复技术，高级氧化技术既能够达到高效降解污染物的目的，又具有环保且经济效益高的特点，因而受到广泛关注。在高级氧化技术实际应用中，需要根据场地污染物的种类选择氧化剂，并针对不同场地的水文地质条件、污染范围等选择合适的施工方式，确保达到有效去除污染物的目的。

本章总结高级氧化技术的应用范围、优势及不足，同时对高级氧化修复技术的施工设计和施工工艺进行介绍，并列举污染场地的修复案例，为高级氧化修复技术实际应用过程中的工艺设计提供参考。

4.1 高级氧化技术的应用

4.1.1 原位高级化学氧化技术的应用

在 EPA 对超级基金场地修复的报告中提到，原位化学氧化(ISCO)是对源污染区域使用频率最多的修复方法之一(EPA，1998)。化学氧化技术不仅适用场地范围广(如污染场地的饱和或非饱和区域及各种各样的水文地质条件)，而且适用污染物范围广：高度适用的污染物种类有氯乙烯、氯苯、BTEX、石油烃、多环芳烃、酚类物质、燃料含氧物质(如 MTBE)、酒精类及 1,4-二噁烷；可能适用的污染物有氯乙烷、氯代或溴代甲烷、爆炸物、除草剂和杀虫剂、N-二甲基亚硝胺、酮类、多氯联苯及二噁英/呋喃类。影响场地应用 ISCO 修复成功的主要因素有：①土壤中有机物有效地迁移到水相中；②氧化剂在修复区域的有效分散；③氧化剂与污染物的反应性(Huling and Pivetz，2006)。

一般而言，ISCO 是作为一种独立的处理技术用于实现场地的修复目标。除此之外，ISCO 也可以作为复杂污染场地复合修复手段中的一环，以为后续处理提供基础。但是在使用 ISCO 技术以前，应充分考虑它的优势和不足，再根据实际情况进行选择。

1)优势

(1)适用污染物范围广，大多数有机污染物均可被氧化降解；

(2)可用于处理水相、吸附相及非水相形态的污染物；

(3)污染物在原位降解，避免抽出或挖出及运输过程产生的潜在二次污染；

(4)相对于其他处理方法，如抽出处理、监测自然衰减等，ISCO 的处理成本更低，处理周期更短；

(5)增强污染物质量转换，如促进污染物从土壤中的解吸及 NAPL 相的溶解；

(6)通过加入营养物(硫、氧)可能增强后续处理中微生物活性和污染物自然衰减的潜力。

2)不足

(1)由于含水层的异质性及部分氧化剂与地下物质的高反应速率，使其在地下的传输能力和持久性成为主要问题；

(2)部分场地天然有机质含量高，可能需要大量氧化剂；

(3)可能导致含水层渗透性降低；

(4)ISCO 过程结束后，污染物的浓度可能出现反弹；

(5)由于氧化态的改变，可能会增加场地金属的可移动性；

(6)强氧化剂的安全和健康问题。

4.1.2　异位高级化学氧化技术的应用

异位高级氧化技术是指受污染土壤或地下水通过挖掘、地下水抽出等方法脱离了场地的原生环境后再使用高级化学氧化法进行处理。处理达标的土壤和地下水可进行回填(回灌)或作他用。异位高级氧化技术可分为原地异位和异地异位两种方式。原地异位是指挖出的土壤或者地下水仍在污染地块内进行氧化处理，一般处理达标后进行原位回填或回灌。异地异位是指将挖出的土壤或者地下水运往污染地块外指定的地点进行处理。一般地下水直接送往具有相应资质的水处理工厂。

异位修复系统包括预处理系统、药剂混合系统和防渗系统等。其中，①预处理系统，对开挖出的污染土壤进行破碎、筛分或添加土壤改良剂等。该系统设备包括破碎筛分铲斗、挖掘机、推土机等。②药剂混合系统，将污染土壤与药剂进行充分混合搅拌。按照设备的搅拌混合方式，可分为两种类型：采用内搅拌设备，即设备带有搅拌混合腔体，污染土壤和药剂在设备内部混合均匀；采用外搅拌设备，即设备搅拌头外置，需要设置反应池或反应场，污染土壤和药剂在反应池或反应场内通过搅拌设备混合均匀。该系统设备包括行走式土壤改良机、浅层土壤搅拌机等。③防渗系统，为反应池或是具有抗渗能力的反应场，能够防止外渗，并且能够防止搅拌设备对其的损坏，通常做法有两种，一种采用抗渗混凝土结构，一种采用防渗膜结构加保护层。

异位高级化学氧化技术具有以下优势：

(1)适合于原本即需要开挖的用地规划类型；

(2)土壤中污染物处理得更彻底；

(3)所需要的工程维护工作较少。

但相对于原位技术而言，它的劣势也显而易见：

(1)对于挥发和半挥发性污染物而言，土壤挖掘时需建设大棚以控制气味的扩散，增加成本；

(2)不适合深处受污染土壤的处理；

(3)修复过程比原位复杂；

(4)吸附性强、水溶性差的有机污染物需考虑必要的增溶、脱附方式。

4.2　高级氧化技术施工设计

在现场应用之前，对污染物的可处理性进行小试研究有助于了解污染物氧化的可行性。在复杂的非均相体系中，很难预测具体的反应、氧化效率、氧化副产物，也很难预测潜在的局限性。小试研究的方法和材料可能会根据所使用的氧化剂和目的而有所不同。

由于在小试中收集和使用的样品的空间变异性，中试研究可以提供来自较大含水层体积上的氧化处理的数据和信息。研究的方法和材料可能会根据所使用的氧化剂和目的而有所不同。中试目标可能包括：确定注射速度和注射压力，评估各种注射策略，评估氧化剂和试剂（铁、酸、稳定剂、螯合剂）的扩散时间、分布（垂直/水平）和持久性，确定地下水污染物是否挥发，评估金属的流动性，评估污染物反弹，确定反应的副产物，对污染物氧化进行初步性能评估，评估监测计划的充分性，预见油井污垢问题，评估扩大修复系统的潜在困难（CRC，2018）。在不同条件下多次注入氧化剂，可用于完成不同的处理和测试目标。

对于氧化剂的注入，选择由外而内的注入策略，即在已探明的污染区域外围开始氧化剂的注入。随后在污染源的中间位置注入氧化剂，这一操作可能会将污染物迁移至已含氧化剂和/或污染物的邻近区域。这种注入方式减少了污染物从污染源向未污染区域的扩散。地下水样品是地下水中污染物等的综合表征，可为评估氧化剂的性能提供有价值的参考依据。然而地下水的传质过程较缓慢，在收集地下水样品进行性能评估之前，需留出足够的时间保证地下水取样的均质化。注入区附近如存在潜在的受体，则需要开展一次连续的地下水监测（Huling et al.，2016）。土壤芯样品可以提供土壤污染等信息的即时反馈，为保证氧化剂处理效果的准确评估，需收集大量的土壤芯样参与评估，以降低污染物浓度的可变性和不确定性。同时，含水层样品在性能评估中的作用也是不可忽视的，污染物（如DNAPL）的分布根据其在不同岩性单元上的聚集来确定（Oberle and Schroder，2000）。设计和实施过程中应认识到并最大限度地减少从污染源向低污染/洁净地区输送受污染的地下水或 NAPL。

氧化剂的选择主要从氧化剂的反应性、成本、反应速度三方面进行考量 (Huling et al.，2020)。

氧化剂的需求量=污染物的化学计量需求+土壤氧化需求+还原性金属+可氧化的有机碳+氧化剂的分解。其中，氧化剂的分解与超氧化物歧化酶(SOD)的作用是至关重要的。

氧化药剂可以采用图 4-1 所示的注射方法注入场地，其中推式工具注射头如图 4-1 所示。

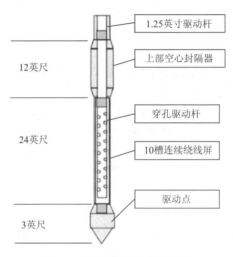

图 4-1　推式工具注射头细节

孔隙度是用于估计影响半径(ROI)内孔隙体积(PV)的设计参数。未固结多孔介质的总孔隙度(q_T)是孔隙体积(V_V)相对于含水层物质总体积(V_T)的比值($q_T=V_V/V_T$)。在未固结多孔介质中，填满 ROI 内孔隙所需注入地下的氧化剂体积可用 $q_T \times V_{ROI}$(即 PV)估计，其中理想情况下 V_{ROI} 为 ROI 内和垂直区间内的总体积。多孔介质中的一部分水通过分子引力被吸引到固体表面，并在功能上依赖于沉积物矿物的表面积。未连接、连接不良和死角孔隙是造成多孔介质中部分水对流体驱替无贡献的原因。因此，孔隙度的概念被扩展为包括与孔隙流体的驱替有关的有效孔隙度，而不是与孔隙空间所占体积的百分比有关。Payne 等报告指出，总孔隙中的流动孔隙度(q_M)和孔隙空间的一部分会导致地下水在含水层中对流流动和运移，而固定孔隙度(q_I)使地下水固定或缓慢移动，不会导致地下水对流流动。总孔隙度是流动孔隙度和固定孔隙度的总和($q_T=q_M+q_I$)。在设计注入修复区域的氧化剂体积时，选择流动孔隙度或者总孔隙度作为计算依据会使结果有所差异，并会对原位化学氧化产生重大影响。

4.3　高级氧化技术施工工艺

4.3.1　原位高级氧化施工工艺

对污染场地地下水进行原位修复时，任何外源物质在污染源区的注入均可能导致受污染的地下水迁移到潜在未污染区域(ITRC，2005)。此时，对外部输送方法的设计可以最大限度地减少污染地下水的横向迁移。原位高级氧化技术在场地修复时可采用不同实施方法，其简要特点如表 4-1 所示，其中注射井法和直推注射法又合称直接注射法。本节将对不同施工工艺进行详细描述。

表 4-1　原位高级氧化不同施工工艺简介

注射方法	描述	缺点	优点
注射井法	在一定注射压力下，将氧化剂通过筛管垂直注射至目标修复区域	不可实时调整注射位置，若发现影响半径小于预期，可能需要安装额外井进行补充；需关注井中筛管的长度，有时需安装套井；如果需要额外多次长时间注射，则注射井可能被堵塞而失效	二次氧化剂注射过程极简便；可实现更深土壤和地下水的修复；可一井多用
直推注射法	通过 Geoprobe 将氧化剂直推注射至土壤中，最大注射深度约为 30 m	如果需要多次注射，可导致成本增加；处理较低渗透性土壤和地下水时，影响半径有限；处理深度不能超过地表以下 30 m；直推设备的筛孔可能被堵塞，导致液体无法注入	通常比建设永久井更经济；可在操作中根据现场情况随时调整注射位置；注入的垂直间隔具有广泛的灵活性
循环井法	直接注射与地下水抽提技术的有机结合	修复费用高	对氧化剂利用效率高，对地下水水质影响较小
渗透法	氧化剂通过垂直于水平方向的筛管被动渗透至目标区域	场地须有较大的渗透系数	对地下环境扰动较小
土壤混合法	通过机械搅拌将氧化剂和土壤或沉积物混合	仅适用于表层土壤的修复(小于 2 m)，且对土壤结构破坏较大	能使氧化剂与污染物充分混合

1. 施工设备材料需求

不同施工工艺的设备材料有所不同，但原位施工所需施工设备材料有：建井设备、材料，直推设备(通常为 Geoprobe)，回填材料，供水系统，氧化剂/活化剂储存罐(臭氧生产器)，原位混合装置，土壤搅拌器，输入泵，输送管道，以及流量和压力测量装置。此外，也应提供合适的保障施工人员安全的相关设备。地上施工设备种类的选择基于场地特征和施工团队的经验及偏好，但进驻场地的所有设备、材料首先必须符合相关国家标准，其次在选择时必须兼顾以下因素。

(1) 设备及所有连接部件可以抵抗氧化剂的氧化且不与活化剂反应；

(2) 应根据预期的压力和流量选择相应尺寸的输入泵；

(3) 注射用软管应能承受最大预期注射压力；

(4) 根据实际试剂使用量选择合适的试剂储存罐和混合系统；

(5) 应为液体处理和存储设备提供备用容器；

(6) 根据现场使用的氧化剂种类，提供相应的保障人身安全的设备，如洗眼器、安全淋浴及灭火装置等。

2. 直接注射法

直接注射法是在一定压力下，通过注射管或筛管将氧化剂注射至土壤中以达到修复目的的方法，通常包括注射井法和直推注射法两种情况。其中注射井具有可同时作为监测井使用的优势，不足之处在于建井成本较高。直推式直接注入氧化剂/活化剂的方法在注入时更改位置更为灵活。实际场地施工时可根据场地特征情况对两种方法灵活配置。

直接注射法注射点位附近氧化剂扩散羽的形状和维度受氧化剂注射速率和压力、场地的非均质性、渗透率及氧化剂的消耗速率影响。注射压力泵的注射速率不应小于 20 L/min，注射压力范围应为 1500 kPa（砂土）至 5500 kPa（壤土）。当土壤渗透率较小时，氧化剂的注射需要更高的压力和时间才能完成，因此需要选择持留时间较长的氧化剂才能使药剂的影响半径足够覆盖整个修复区域。为尽量避免污染物的扩散，直接注射法的氧化剂注射应从污染羽外围开始，采用由外而内的方式进行。氧化剂注射过程中，施工人员应充分考虑氧化剂通过地下裂缝等优势流路径扩散的情况（Siegrist et al.，2010）。

注射井建成后，同一位置可进行多次氧化剂注入。氧化剂在垂直方向的间隔则可采用嵌套井方法控制（Siegrist et al.，2008）。注射井剖面及俯视图如图 4-2 所示，施工现场如图 4-3 所示。该注射方式需注意以下几个方面：

(1) 需参照国家导则进行注射井的建设，必须满足注射压力的需求；

(2) 若注入的氧化剂为过氧化氢，则建井材料应避免使用聚氯乙烯(PVC)管，可采用不锈钢或碳钢材料；

(3) 避免由于注射井密封不完善导致的氧化剂涌出地表的现象发生；

(4) 在注射氧化剂时，筛管的长度不宜过长，否则大部分氧化剂可能迁移至渗透率大的土层之中，这种情况在土壤非均质性大的场地更为明显；

(4) 在邻近场地边界时注射应注意防止氧化剂由于高压作用而迁移到非目标区域；

(5) 进行臭氧注入时需要配备土壤气抽提及处理装置，以捕获非饱和区中挥发性气体(臭氧注射系统如图 4-4 所示)。

(a) 注入模式-剖面图　　　　(b) 注入模式-俯视图

图 4-2　注射井剖面及俯视图　　　　图 4-3　注射井法施工现场

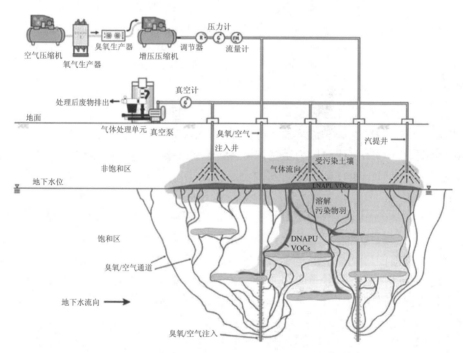

图 4-4　原位气体氧化剂(臭氧)注入工艺示意图

直推技术可采用 Geoprobe 直压式高压注射设备和高压旋喷设备(图 4-5 和图 4-6)。目前国内 Geoprobe 钻机大多来自美国,购置与维修费昂贵,现多用于污染地块调查采样和中试修复示范,并不适合大面积场地修复。

图 4-5　Geoprobe 直推设备　　　　　　图 4-6　高压旋喷设备

　　高压旋喷技术发展自建筑行业的高压旋喷地基处理技术，原用于建筑的地基加固、止水帷幕、护坡桩等工程。应用于污染场地修复的高压旋喷技术主要是将带有特殊喷嘴的注浆管（钻杆），通过钻孔进入土层的预定深度，然后从喷嘴喷出配制好的药剂，带喷嘴的注浆管在喷射的同时向上提升，高压液流对土体进行切割搅拌，使氧化药剂与污染土壤充分混合，氧化分解污染物（杨乐巍等，2018）。高压旋喷注射修复系统示意图如图 4-7 所示。系统组成主要包括配药站、高压注浆泵、空气压缩机、旋喷钻机、高压喷射钻杆、药剂喷射喷嘴、空气喷射喷嘴等

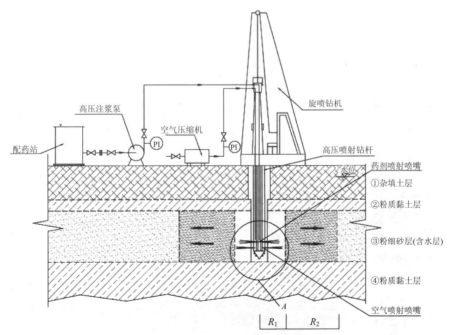

图 4-7　高压旋喷注射修复系统示意图

A 指喷淋区域；R_1 为搅拌半径；R_2 为扩散半径

组成的气(空气)、液(修复药剂)二重管原位注射系统。有研究者报道，原位注入-高压旋喷注射修复技术与 Geoprobe 水力压裂、注入井相比在提高注射压力、增加扩散半径、提高机械效率、保证扩散效果、解决返浆问题、降低成本等参数和性能方面均有显著提升，如表 4-2 所示。

表 4-2　高压旋喷技术与其他注入技术的技术参数对比

参数性能	Geoprobe 注入	注入井	深层搅拌	高压旋喷
注射最大压力/MPa	18	0.6	3	30
扩散半径(黏土)/m	0.6	0.5	0.35	0.9
扩散半径(砂土)/m	2	1.5	0.35	2.9
施工效率(成孔/建井、注射深度为 10 m 时所用时间)/h	4	6	2	1
注射流量(注射效率)/(L/min)	10	20	15	120
有无自动提升机构	×	×	×	√
是否解决饱和层返浆问题	×	×	×	√

高压旋喷技术的优势在于：

1)使用土层范围广

高压旋喷技术相对于注入井、Geoprobe 水力压裂技术，由高渗透性的砂层扩展至低-中渗透性地层(如粉土、粉质黏土等)，可适用于单独土壤或地下水、土水复合污染等情形。

2)注射压力高、扩散半径大、含水层效果尤为显著

高压旋喷技术的注射压力是注入井、Geoprobe 水力压裂、深层搅拌等现有技术的 1.7~50 倍；本技术药剂有效扩散半径是现有技术的 1.5~8.3 倍，尤其对于饱和砂层修复具有扩散半径大的经济优势。

3)机械成本较低

美国 Geoprobe 钻机设备昂贵，直推时为间歇施工，高压旋喷技术机械施工成本仅为现有其他原位氧化修复技术的 50%~60%，且可一次性完成单孔连续注射作业，施工便捷。

4)修复深度大、施工效率高

高压旋喷技术修复深度最大可达 20~25 m，注射流量是现有技术的 6~12 倍，机械施工效率是现有技术的 2~6 倍，单套设备处理能力：土壤修复为 500~900 m^3/d；地下水修复为 500~700 m^3/d。

5)定深度注射和精准性、可控性强

高压旋喷技术采用单孔连续动态定深度注射，通过自动提升机构控制延米注浆量来优化药剂投加参数，而注入井采用静态间歇式注入，深层污染需设置深、

浅井，药剂注射参数难以精确控制，同时机械成本增加。高压旋喷技术采用小口径自下而上的注射方式，解决了夹心层修复难题，同时具有施工后保持地基承载力的优势。空气、药剂喷嘴及钻具的巧妙设计，保证了药剂的扩散和喷射效果。

高压旋喷技术的不足如下：

(1) 部分土层条件限制了该技术的实施效果，如松散杂填土层存在大孔隙等优先通道，注射过程易造成药剂浪费；卵砾石层，由于孤石作用，注射半径偏小。

(2) 非饱和层高压注射的适应性需经现场验证：包气带条件一方面不利于药剂的有效扩散，另一方面不利于化学/生物的反应。

3. 原位搅拌(混合)法施工工艺

原位搅拌工艺起源于建筑行业，用于注入稳定剂以增加土壤稳定性。与原位注入法相比，土壤搅拌法更适合污染土壤的修复，特别是渗透性低的土壤类型，如黏土。通常，原位土壤搅拌由药剂配置输送系统、搅拌系统两部分组成，如图 4-8 所示。药剂配置输送系统负责将配置完成的药剂输送至搅拌系统，修复剂通常与水混合以产生容易通过钻头注入的液体浆料，根据土壤中污染物的性质和修复要求，也可以在该过程中引入蒸汽，以提高土壤和地下水温度，促进反应的进行。搅拌系统一般由安装在起重机上的转盘或液压动力钻机并配备旋转专用钻头组成，钻头的直径范围在 1~4 m，根据场地具体特征可采用双向、双轴(也可以是单轴或三轴)、多层叶片等方式。在对污染土壤进行搅拌时，钻头侧面喷嘴和底端喷嘴在搅拌的同时采用高压喷射药剂，搅拌与喷药复合施工的形式使土壤中的污染物与修复试剂均匀混合并充分发生反应，使污染物被降解或发生形态变化。部分搅拌工艺，如入选环保技术国际智汇平台百强技术的"原位深层搅拌土壤修复装备"(图 4-9)在修复达标后，还可以采用土壤加固系统提高修复区域的地基承载力，减少由土壤修复造成的土壤力学性质的影响。

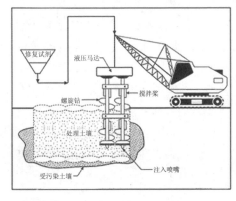

　　　图 4-8　原位土壤搅拌法示意图　　　　　图 4-9　原位深层搅拌土壤修复装备

除上述方式以外,在处理大型设备通道有限的区域或存在地下设施的场所时,原位土壤混合也可以通过喷射灌浆或喷射混合的过程实现。该过程包括将小直径钻杆引入至所需深度,然后在非常高的压力(约 41.34 MPa)下施加修复剂。这种高压有利于土壤与修复剂的混合。尽管其处理半径仅为 0.3～1 m,但用于处理大型设备通道有限的区域或存在地下设施的场所非常实用。

原位土壤搅拌法的优势在于:

(1)与其他方法相比修复效率更高,所需时间较短;

(2)修复剂与土壤之间的接触更加充分,促进污染物的快速降解;

(3)适应各种土壤类型。

原位土壤搅拌法的不足如下:

(1)不适合处理含有地下建筑的污染场地;

(2)尽管钻井设备可以达到 30 m 或更深的深度,但深处处理污染成本过高,处理深度通常限于地下约 18 m;

(3)原位土壤搅拌通常用于污染源处理,因为对大面积污染羽的处理会导致地下环境扰动过度。

4. 地下循环井法施工工艺

地下水循环井(groundwater circulation well,GCW)技术是为地下水创造三维环流模式而进行原位修复,通过抽水及回水动作产生地下水循环,除了与化学氧化结合外,还可与吹脱、空气注入、气相抽提、强化生物修复等多种技术结合,通过地下水的抽注循环,在去除地下水中溶解相污染物的同时,可对污染物的扩散进行有效控制,避免污染羽的进一步扩大。

循环法有两种实施方式,分别是井外循环和井内循环,如图 4-10 和图 4-11 所示。

井外循环是指氧化剂通过注入井注入,在从抽出井抽出地下水的同时可帮助氧化剂扩散。抽出的地下水与氧化剂混合后再从注入井注入,如此进行循环以达到修复的目的。设置抽取井的目的是用于控制/增强氧化剂在低渗透区的定向迁移。该方式结合了 ISCO 与传统的地下水抽出处理方法。

井内循环是指同一口井内,在指定区域注入氧化剂,在该区域的上部和/或下部装入泵,泵工作时,含有修复试剂的水则会从筛管向井两边扩散,然后分别进入井的上部和/或下部,如图 4-11 所示。要实现井内循环,需建造地下水循环井。该井与普通的监测井不同,它应具有多处筛管以供地下水循环。地下水循环井法更适合处理溶解性较好的污染物。

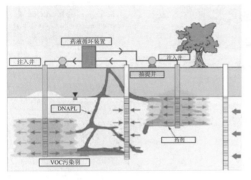

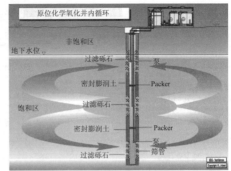

图 4-10　井外循环法示意图　　　　　　图 4-11　井内循环法示意图

地下水循环井的主要操作步骤如下：

(1)注射井及抽提井建井；

(2)注射氧化剂；

(3)从抽提井抽出地下水(或井内抽出)；

(4)注射井氧化剂及抽出地下水循环注入；

(5)监测井污染物浓度动态监控。

地下水循环井具有以下优势：

(1)循环井结构简单，操作维修方便；

(2)没有额外的废水产生，对地下水扰动小(特别是井内循环)，不对已有建筑产生破坏；

(3)若注入的修复试剂为 Fenton 试剂，则反应过后可增加地下水中溶解氧含量，有利于后续好氧微生物降解；

(4)耗费能量较低(约 4.5 kW·h)；

(5)可对不饱和区域进行修复。

其不足在于：

(1)污染物质需为水相液体；

(2)地下水自然流态需较强；

(3)渗透系数小于 10^{-5} cm/s 的地区不适用此技术；

(4)浅水层会限制该技术的运用效率。

5.　渗透法

渗透法主要通过渗透井或探头将氧化剂投加至污染土壤，且氧化剂的注射过程无须通过外加机械作用和外加压力(图 4-12)。在修复过程中，施工人员需要充分考虑土壤渗透系数、地下水水位、地下水流速及氧化剂持留时间。其中，土壤渗透系数与土壤类型密切相关，在入渗设置时，应尽可能地准确估算土壤的渗透系数(渗透测试可用来对土壤的渗透系数进行精确估算)。表 4-3 列举了不同类型土壤的渗透系数参考值。

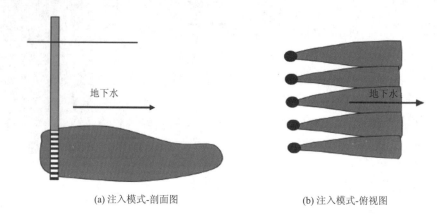

(a) 注入模式-剖面图　　　　　　　　　　(b) 注入模式-俯视图

图 4-12　　渗透法示意图

表 4-3　　不同类型土壤的渗透系数

土壤类型	渗透系数/(m/s)
粗砂	1.4×10^{-4}
细砂	5.6×10^{-6}
壤质细砂	3.1×10^{-6}
壤土	5.8×10^{-7}
轻黏土	4.2×10^{-7}
中厚黏土	1.4×10^{-7}

采用渗透法向污染土壤注入氧化剂要求场地地下水流速大于 0.05 m/d,此外,渗透法的实施还需满足以下条件:

(1)氧化剂在地下需维持长时间的活性,以便氧化剂能充分氧化污染物(氧化剂的半衰期至少为其与污染物反应时间的 2 倍);

(2)氧化剂在地下的稳定时间应足够长,以获得较大的氧化剂影响半径(氧化剂的半衰期应长于其迁移 10 m 所需的时间)。

6. 原位化学氧化法配套前(后)处理工艺

根据场地污染特征、最终修复目标和未来用地规划,在使用 ISCO 技术前或后会和其他处理工艺相结合以获得最佳修复效率。此外,在修复复杂的污染场地时,须采用多种修复技术才能达到目标。若 ISCO 技术作为其中一环,则需要考虑它与其他技术的兼容性。表 4-4 总结了 ISCO 技术前处理工艺的优缺点。

表 4-4　前处理工艺优缺点

工艺名称	优点	缺点
土壤开挖	操作简单；使后续土壤搅拌法更易实施	回填开挖的坑后可能产生优先流
多相抽提	去除高浓度 NAPL 饱和区，增强氧化剂的迁移	仍有 NAPL 残留的可能性
表面活性剂增强（SEAR）	表面活性剂可能增加部分氧化剂的活性；有助于提高污染物的脱附和溶解性	可能增加氧化剂的需求；增加污染物移动性的程度难以控制
土壤气抽提/注入空气	与原位臭氧氧化技术可无缝兼容；注入空气可氧化一些还原矿物质，降低土壤自然氧化剂需求量	渗透率较低、饱和的地下水带难以均匀地输送氧化剂水剂
加热处理	升高温度可有效活化氧化剂过硫酸盐；反应速率通常会随着温度升高而增大	对后续氧化放热反应可能产生一定安全隐患；对于黏土的固化可能影响后续氧化剂迁移；高温下氧化剂分解更快，不利于其有效迁移

　　除了前处理工艺，在 ISCO 技术实施结束后，可根据使用的氧化剂性质和残留污染物浓度进行一定的后处理。

　　(1)由于过氧化氢和臭氧使用后会产生氧气，这给后续采用好氧微生物降解提供了条件。

　　(2)使用过硫酸盐产生的硫酸根可能增强厌氧微生物的活性，为微生物厌氧降解提供条件。

　　(3)一般采用 ISCO 技术使污染场地风险降至可接受范围内后，可通过实施原位注入时安装的注射井或监测井持续监测污染物自然衰减带来的浓度变化。

4.3.2　异位高级氧化施工工艺

1. 施工流程及所需设备

异位高级氧化的施工过程较为复杂，分为以下 6 个步骤：

　　(1)污染土壤清挖；

　　(2)将污染土壤破碎、筛分，筛除建筑垃圾及其他杂物；

　　(3)药剂喷洒；

　　(4)通过多次搅拌将修复药剂与污染土壤充分混合，使修复药剂与目标污染物充分接触；

　　(5)监测、调节污染土壤反应条件，直至自检结果显示目标污染物浓度满足修复目标要求；

　　(6)通过验收的修复土壤按设计要求合理处置。

　　主要设备有挖掘机，药剂储存配置器、搅拌器，传送装置等，如图 4-13 和图 4-14 所示。

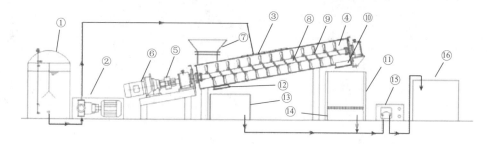

图 4-13　异位化学氧化装置

① 配药桶；② 计量泵；③ 注药器；④ 搅拌反应箱；⑤ 传动轴；⑥ 减速机；⑦ 进料斗；⑧ 双螺旋轴；⑨ 搅拌推送叶片；⑩ 出料斗；⑪ 储土罐；⑫ 出药筛口；⑬ 1 号储药罐；⑭ 2 号储药罐；⑮ 蠕动泵；⑯ 回收罐

图 4-14　实施异位化学氧化修复现场图

图片来源于中国环保产业协会

2. 关键应用参数及监测维护

影响异位高级氧化修复效果的关键技术参数包括：污染物的性质、污染物的浓度、药剂投加比、土壤渗透性、土壤活性还原性物质总量、氧化还原电位、pH、含水率和其他土壤地质化学条件等。

1) 土壤活性还原性物质总量

高级氧化过程不具有选择性，因此，在修复设计污染土壤中投加氧化药剂量时，除考虑相关污染物浓度外，还应兼顾土壤活性还原性物质总量的本底值，将能消耗氧化药剂的所有还原性物质量加和后，计算得到氧化药剂投加量。

2) 药剂投加比

药剂投加比分为两种情况，一是部分需活化的氧化剂与活化剂的比值，需根据文献及前期实验室小试结果确定；二是药剂目标污染物的比值，需根据反应的化学反应方程式计算理论药剂投加比，并根据实验结果予以校正。

3）pH

根据土壤初始 pH 条件和药剂特性，有针对性地调节土壤 pH。例如，Fenton 反应在 pH 位于 3.0 附近时效率最高。一般 pH 范围为 4.0～9.0。常用的调节方法如加入硫酸亚铁、硫黄粉、熟石灰、草木灰及缓冲盐类等。

4）含水率

土壤含水率控制在土壤饱和持水能力的 90%以上为宜，以易于搅拌和发生氧化反应。

异位高级氧化修复进行过程中，应监测污染物浓度变化，判断反应效果。通过监测残余药剂含量、中间产物、氧化还原电位、pH 及含水率等参数，根据数据变化规律判断反应条件是否合适并及时加以调节，保证反应效果，直至修复完成。

异位高级氧化技术所需工程维护工作较少，如采用碱激活过硫酸盐氧化时需要监测并维持一定的 pH。另外，使用氧化剂时要根据氧化剂的性质，按照规定进行存储和使用，避免出现危险。

4.4　高级氧化技术施工案例

4.4.1　美国安纳尼斯顿陆军仓库

场地概况：该基地由三个 1978 年回填黏土的工业废料潟湖组成，占地约 2 acre①，污染土壤超过 43 125 yd³②，含有高达 31%的三氯乙烯（TCE）、二氯乙烯（DCE）、二氯甲烷、BTEX（苯、甲苯、乙苯和二甲苯）。在 72 000 磅的挥发性有机化学品中，TCE 约占 85%。大多数污染物都在 8 ft③或更深的地方。TCE 的最高浓度出现在 8～10 ft 的深度（最大 20 100 mg/kg）。地下水位在地表以下 25～30 ft 波动。

工艺设计：3 口不同尺寸的注入井针对 3 个不同的深度段。在污染深度小于 15 ft 的区域安装 8～14 ft 的单一浅层喷油器，在 15～20 ft 发现污染的区域安装单个中间喷油器。在发现污染的深度为 20～26 ft 的区域安装成对的浅层和深层注入器。此外，还使用 25 口深层地下水注入井进行监测，并安装一个排气平衡系统，以帮助维持催化剂和 H_2O_2 的有效径向分散。将 H_2O_2、微量硫酸亚铁和酸（用于控制 pH）输送到污染土壤中。在 120 天的时间里，通过 255 个喷射器注入了 109 000 gal④50%的 H_2O_2，土壤发生了化学氧化。修复处理开始后在污染场地进行取样，

---

① 英亩，1 acre=4840 yd²=0.404 856 hm²。

② 码，是一种长度单位，1 yd 约为 91.4 cm。

③ 英尺，是一种长度单位，1 ft 约为 0.3 m。

④ 加仑，是一种容积单位，1 gal（美制）约为 3.785 L。

如果污染物浓度保持在土壤筛选水平(SSL)以上，该位置将重新进行处理。

修复结果：这项全面修复始于 1997 年 7 月。结果表明，对于那些已经完成取样和修复的区域，该过程可以有效地将黏土中的污染物浓度降低到 SSL 以下。土壤中高达 1760 mg/kg 的 TCE 浓度已降低到检出限以下。运行数据表明，有机物没有向周围土壤或地下水反向迁移。

4.4.2 美国科罗拉多州丹佛前标牌制造厂

场地概况：在科罗拉多州丹佛市的一家前标牌制造厂进行了试点，随后进行了原位化学氧化的全面处理，以修复受苯、甲苯、乙苯和二甲苯(BTEX)污染的地下水。大约 100 ft×100 ft 的场地包含泄漏的汽油和燃油地下储罐。在一个薄砂砾石透镜体中发现了污染羽流，上层为黏土层，下层为基岩。地下水的水位深度约为 5 ft。预处理样品表明，BTEX 在地下水中的最大浓度为 24 595 μg/L。

工艺设计：该试点项目涉及三个修复周期，每个周期 4 天。每个循环都涉及通过 8 个注射点注射 H_2O_2 和螯合铁。

修复结果：试点项目于 1996 年 8 月开始，1997 年 3 月完成了全面作业后进行处理样品的分析。9 个监测井的后处理样品中未检测到 BTEX，其余 4 个孔中的总 BTEX 浓度为 89 μg/L。

4.4.3 美国马萨诸塞州弗雷明汉前新闻出版机构

场地概况：1996 年，美国马萨诸塞州弗雷明汉的一个前新闻出版机构进行了一项试点和全面应用原位化学氧化来修复地下水中的 1,1-二氯乙烯、1,1,1-三氯乙烷和氯乙烯(VC)。在现场评估期间，发现一干井含有来自处理油墨、脱脂剂废物的氯化溶剂和石油碳氢化合物。该场地包括一个大约 100 ft×100 ft 的工厂，以及尺寸大致相同的相邻土地。清理区域由碎石和干井周围的土壤组成。干井周围的土壤是细粒粉砂。地下水深度平均在地表以下约 2.5 ft。污染物羽流约为 80 ft×80 ft。在处理之前，现场的补救措施包括处置超过 6000 gal 的危险液体和 15 个 55 gal 的危险污泥桶。两个监测井中 1,1,1-三氯乙烷的预处理浓度分别为 40 600 μg/L 和 4800 μg/L，VC 浓度分别为 440 μg/L 和 110 μg/L。

工艺设计：在 3 天的时间内使用两个化学氧化应用点在 30 ft 直径的干井区域内进行处理。该应用包括 H_2O_2 溶液、铁催化剂和一种控制 pH 的酸，对两个 4 in① 直径的 PVC 井和 5 个周围监测井在应用前取样，并在处理后 3 周重新取样。

修复结果：处理后 3 周采集的样本表明，两个污染井的 1,1,1-三氯乙烷分别从 40 600 μg/L 和 4800 μg/L 下降到 440 μg/L 和 230 μg/L。在附近的井中，VC 的

---

① 英寸，是一种长度单位，1 in=2.54 cm。

浓度从 85 μg/L 下降到低于检测限。

4.4.4　中国北方某化工厂污染场地

场地概况：该化工厂始建于 20 世纪 90 年代，占地面积约 $4.51×10^5$ m^2，经营期间主要从事香精香料生产，2008 年已全部停产搬迁。该地块土地利用规划为区域公用设施用地中的环卫设施用地。实验区位于该地块内，根据场地环境详细调查报告，实验区所在地块存在地下水污染，主要污染物为氯苯（MCB），质量浓度在 600～1200 μg/L，污染深度为 2.10～16.00 m，污染范围为 443 m^2，修复目标值为 400 μg/L（沈宗泽等，2022）。

工艺设计：采用自主开发的连续管式原位注入化学氧化技术。连续管式原位注入系统主要由自动溶配药模块、连续管注入模块和自动控制集成模块三个模块组成。自动溶配药模块主要包含药剂储存槽（储存固体药剂）、干粉输送机、自动定量配药系统、液体溶药箱（储存液态药剂）、高压柱塞泵及其泵控系统、清水箱等；连续管注入模块主要包含滚筒、注入头、连续管、喷嘴及液压动力系统等；自动控制集成模块主要包含液压控制系统、仪器仪表、传感系统、信号处理系统和操作室等。设备工作流程为：首先，通过喷嘴喷射出的高压水射流持续破碎、切削土壤，被破碎和切削下来的土壤被泥浆返浆及时带出地面，从而快速形成孔眼，连续管在注入头的给进力作用下沿孔眼不断下钻，直至完成钻进过程；然后，当钻进深度达到设计要求后，通过投注的方式，使垂向的高压水射流转换为水平方向的高压水射流；同时，在水平方向高压注射过程中，水射流采用药剂溶液，此时控制干粉（固体）输送机和定量泵进行定量药剂输送。

修复结果：实验区内共设有 2 口监测井，1 号监测井为地下 14 m 的深井，2 号监测井为地下 4 m 的浅井。注入完成并经 30 天的药剂反应期后，在工程监理人员监督下取样送第三方检测机构进行检验。2 口监测井中目标污染物氯苯的质量浓度均达到了修复目标值以下（400 μg/L）。其中，深井中地下水氯苯的质量浓度低于检测限，浅井中地下水氯苯质量浓度为 1.30 μg/L。

4.4.5　中国南方某化工企业仓库遗留场地

场地概况：该遗留场地近 40 年主要作为宅基地、批发市场及企业仓库用地使用。在早期（2000 年前），企业仓库储存的相关产品主要是烧碱、聚氯乙烯树脂、液氯、盐酸；在后期（2000 年后），储存的相关产品主要是聚氯乙烯树脂、烧碱、片碱、液氯、盐酸、氧气、氮气、溶解乙炔等。根据场地水文地质调查结果，该地块的浅部含水层主要为潜水含水层，地下水类型为第四系松散岩类孔隙水，总体富水性较差，水量较贫乏。场内潜水含水层中相对不透水层较厚，场内浅部潜水与深部承压水基本无直接水力联系。场地调查和风险评估结果显示，场地土壤介质中苯并(a)芘局部超标,对该局部土壤采取一定修复措施(付微,2020)。

工艺设计:采用基于过硫酸盐高级氧化法的异位修复技术进行修复,氧化剂采用过硫酸盐,活化剂采用亚铁盐。根据场地环境调查结果所得到的苯并(a)芘污染羽分布情况,规划了两个污染土壤开挖基坑,在旁边区域进行化学处理。需采取修复治理的污染土壤范围约为 649 m^2,修复厚度为 2 m,不考虑基坑挖掘放坡等因素的影响,修复土方量约为 1298 m^3。通过实验室小试得到过硫酸盐的推荐投加药剂质量/土壤质量比例为 1%,亚铁盐药剂质量/土壤质量投加比例为 0.5%。

修复结果:对修复前和修复后场地中几类多环芳烃的浓度进行检测,处理前土壤样品中苯并(a)芘浓度为 0.57~1.71 mg/kg;苯并(b)荧蒽浓度为 0.84~1.97 mg/kg;二苯并(a,h)蒽浓度为 0.11~0.33 mg/kg。检测结果表明,修复后的土样中,苯并(a)芘最大值为 0.16 mg/kg,苯并(b)荧蒽最大值为 0.11 mg/kg,二苯并(a,h)蒽检测结果小于检出限。修复前检出率均为 46.7%,修复后苯并(a)芘和苯并(b)荧蒽检出率为 2.94%,而二苯并(a,h)蒽检出率为 0。对苯并(a)芘、苯并(b)荧蒽及二苯并(a,h)蒽的修复效率分别为 79%、84%、59%。

4.4.6　中国北方某苯酚污染场地

场地概况:该场地原为某化工厂的废弃用地,主要生产精细化工产品对甲基苯酚等。该污染地块主要污染物包括 2-甲基苯酚、3,4-二甲基苯酚、2,4-二甲基苯酚,污染面积约 1289 m^2,污染深度为 3.6~4.8 m(崔朋等,2020)。该场地区域地层分布主要为杂填土、粉土及黏土,土壤黏性随深度增加不断变大。该场地粉质黏土层横向渗透系数为 6.94×10^{-5}cm/s,潜水含水层水位埋深约为 2.15 m,地下水流向为东南至西北方向。

工艺设计:根据调查结果,区域内污染呈不对称发散状分布,采用监测井对地下水质量进行监测。首先是注药井布设,通过注药井将氧化药剂注入地下,使氧化剂能够在纵向和横向上与目标污染物发生化学反应,并对其降解去除。通过开展中试来确定影响半径及注药控制参数,之后进行注药井的建设。采用PowerProbe 钻机进行注药井的建设。根据场地实际情况及试验结果,设定 5.2 m的井深,3 m 的开筛,2 m 的药剂影响半径。井头压力控制在 0.05 MPa 以下,以达到保护注药井结构的目的。每口井设定 3.5 m 的间距,以等边三角形的形式布井,于污染区域内共设 95 口注药井,土壤及地下水修复区域面积为 1289 m^2。其次是注药系统和注药单元的设计,在空压机给出压缩空气的作用下,气动隔膜泵通过管道将储药罐里的氧化药剂打入注射井中,通过观察井头压力表数据,判断井中药剂的扩散状态,并随时调整药剂注入量,如图 4-15 所示。

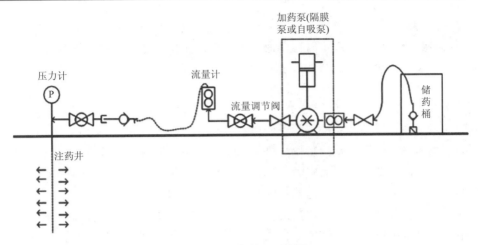

图 4-15　注药单元示意图

在注药实施阶段，通过区域内地下水污染浓度计算氧化剂用量，将分阶段注射作为初步规划，按计算量的 5 倍来设置注药量。现场采用定量分批注入的方式，单口井所需双氧水总量按如下公式计算。

$$D = A \times d \times \theta \times C \times E \tag{4-1}$$

式中，D 为每口井加药量，kg；A 为每口井影响半径，取 2 m，则影响范围面积为 12.6 m^2；d 为注药反应厚度，设置为 2 m；θ 为孔隙率，取值为 0.4；C 为地下水中污染物浓度，kg/m^3，以 COD 或地下水中污染物量计算；E 为氧化剂有效倍数，通常氧化剂实际有效量在 0.1~0.25，设置为 5 倍。

通过注药 5 min 停 10 min 的方式进行注药，将每口井的注入流量设计为 6~8 L/min，注药区域分为高、中、低污染物浓度三个区域，通过药剂浓度来计算单口井注药量。为增强修复效果，药剂注射过程中可对药剂进行稀释。注药顺序按照从污染边界到区域中心。由于污染边界的污染浓度较低，从污染边界向污染中心区域注入药剂可保证污染不会扩散至外围未受污染区域。按顺序对污染区域进行几轮注药后，可对污染物浓度较高的小块区域采用包围式持续注药。由于地层的不均匀性，注入某些点位的药剂不能与污染物接触完全，可采取钻杆式直接注入法将药剂注入效果不好的点位，同时采用钻机定点注射，通过液压式钻机将具有开筛的钻杆压入地下，然后将药剂注入规定的深度。使用注射井与抽水井联用的方式来控制氧化药剂的扩散方向及扩散速度。抽水井通过抽取下梯度方向的地下水来加速地下水的流动，以此来增加药剂的扩散速率并控制药剂传导方向。抽水井可通过监测地下水的氧化剂浓度和污染物浓度来对扩散效果进行分析。此工程案例为增强修复效果，在污染区域内设置了两口抽水井。通过抽水泵将抽出的地下水沿输水管线排入场地内的污水处理区进行处理。需在抽出处理阶段维持注入、抽出药剂量及污水处理量三者的平衡，避免出现水量过大或过小的状况。

修复结果：注药时要定时监测污染范围内的水位、水质变化。每次注药前后需测量水位和记录下水位，然后采用贝勒管进行取样监测，分析药剂是否扩散到目标区域完成修复。在每天注药前后需使用水质检测仪（YSI）来检测地下水的pH、DO、ORP、电导率、浊度等的变化，以此分析氧化剂对地下水水质产生的影响。污染区域需在首次注药完毕后静置一段时间（不同氧化药剂有不同的反应时长），之后检测监测井中地下水的目标污染物含量。值得注意的是，污染区域地下水污染物含量可能在首次注药后轻微增加，但污染物浓度会在第二轮注药后发生较明显的下降，该现象归因于氧化药剂的注入将土壤中的污染物解析到地下水中。采用注射井向目标区域注射氧化药剂，使目标污染物浓度在3口具有代表性的监测井中下降到场地修复目标值以下。采用双氧水作为原位氧化修复药剂能够快速分解土壤和地下水中苯酚类污染物，并且修复周期相对较短。在本案例中，原位布设注药井 + 钻杆注药 + 抽水强化的组合修复工艺保证了场地修复效果全部满足设计要求，故该工艺对苯酚类有机污染场地的修复效果较好。

4.5　小　　结

化学氧化技术由于具有场地适应性强、修复彻底、处理污染物种类较多、处理时间较短、成本相对低廉等显著优势，在污染场地修复中得到广泛运用。本章对高级氧化技术的应用及施工工艺进行了总结，并结合国内外场地修复案例进行了分析。目前，有关化学氧化技术的研究多集中于氧化剂活化方式、缓释型药剂开发、监测方法、氧化机理等基础性研究工作，而对注入技术的探索较少。当前地下水修复原位注入技术主要包括直压式高压注射法、注射井法、高压旋喷注射法、Geoprobe技术、电动化学注浆、深层搅拌等。大量研究及实践表明，现有的原位注入技术普遍存在钻注不同步、注入效率差、作用深度有限、模块化程度低等问题。未来将现场经验结合持续的研究和开发对施工流程及施工参数等进行优化，有助于更高效地推动高级氧化技术的应用。

参 考 文 献

崔朋, 刘骁勇, 刘敏, 等. 2020. 原位化学氧化技术在苯酚类污染场地修复中的应用. 山东化工, 49(9): 242-244.

付微. 2020. 上海某污染场地环境的情况调查、风险评估及修复. 上海建设科技, 2: 89-92.

沈宗泽, 王祺, 阎思诺, 等. 2022. 连续管式原位注入化学氧化技术对某有机污染场地地下水的修复效果. 环境工程学报, 16: 93-99.

杨乐巍, 张晓斌, 李书鹏, 等. 2018. 土壤及地下水原位注入-高压旋喷注射修复技术工程应用案例分析. 环境工程, 36(12): 48-53.

CRC. 2018. In-situ chemical oxidation. Version 1. CRC for Contamination Assessment and Remediation of the Environment-Technology Guide. Newcastle: Cooperative Research Centre for Contamination Assessment and Remediation of the Environment, Australia.

EPA. 1998. Field Applications of In Situ Remediation Technologies: Chemical Oxidation. EPA 542-R-98-008. Washington DC: US Environmental Protection Agency.

Huling S G, Pivetz B E. 2006. In-situ chemical oxidation. EPA/600/R-06/072, Engineering Forum Issue Paper. Washington DC: US Environmental Protection Agency.

Huling S G, Pivetz B E, Jewell K, et al. 2016. Pilot-scale demonstration of in situ chemical oxidation involving chlorinated volatile organic compounds: design and deployment guidelines. Parris Island, SC, Marine Corps Recruit Depot Site 45 Pilot Study. EPA 600/R-16/383.

Huling S G, Ross R R, Prestbo K M. 2020. In situ chemical oxidation: Permanganate oxidant volume design considerations. Ground Water Monitoring and Remediation, 37(2): 78-86.

ITRC. 2005. Technical and regulatory guidance for in situ chemical oxidation of contaminated soil and groundwater. Second Edition. In Situ Chemical Oxidation Team of the Interstate Technology & Regulatory Council, USA.

Oberle D, Schroder D. 2000. Design considerations for in-situ chemical oxidation//Second International Conference on Remediation of Chlorinated and Recalcitrant Compounds: 91-99.

Siegrist R, Crimi M, Petri B, et al. 2010. In situ chemical oxidation for groundwater remediation: Site-specific engineering and technology application. ER-0623 Final Report (CD-ROM, Version PRv1.01, October 29, 2010). Prepared for the Environmental Security Technology Certification Program, Arlington, VA, USA.

Siegrist R, Petri B, Krembs F, et al. 2008. In situ chemical oxidation for remediation of contaminated groundwater: Summary proceedings of an ISCO technology practices workshop. Project ER-0623 for the Environmental Security Technology Certification Program.

第5章 高级氧化技术监测及评价

高级氧化技术监测是修复和方案设计中的重要组成部分，它为评估与性能目标的一致性提供了基本构架，是修复效果评估的基准。性能监测为后期修复工程的实施方案优化提供了必不可少的数据支撑。监测需要涵盖以下内容。

(1)性能监测的测试指标；

(2)评估的标准；

(3)监测计划；

(4)当修复工程不能按计划完成时采取的应急计划；

(5)修复工程完成的具体标准。

表 5-1 为修复的重要节点、终点及评价标准示例。

表 5-1 修复终点、重要节点和评价标准示例

后续举措	修复终点	重要节点	评价标准
终止修复项目	目标修复区域药剂平均浓度达到 50 mg/L	药剂浓度达总目标浓度的 30%、60%、90% 及 100%	监测井中药剂浓度的变化
	每 20 个注射点中注射 454 kg 的过硫酸盐	完成 5、10、15、20 个点位的注射	每个注射点注射的过硫酸盐质量
	地下水循环 3 个 PV (379 m³)	更新体达总目标体积的 25%、50%、75% 和 100%	体积流量
将 ISCO 修复换成更温和的修复技术	三次 ISCO 修复注射后，改为原位强化生物修复*	完成第 1、2、3 轮药剂注射	注射次数
	修复区域污染物质量流量削减 90%	完成 30%、60%、90% 的质量流量削减	关注污染物浓度；地下水流速
	关注污染物浓度降低至预期值	到达预设目标	监测井中污染物浓度变化情况

*在决定更换修复技术时，还需要看是否完成其他目标(修复区域污染物质量流量削减是否达到 90%、关注污染物浓度是否降低到了预期值)。

监测设计应包含两个不同的监测方向：过程监测和性能监测(NJDEP, 2017)。其中，过程监测主要包括监测能为场地的修复状态(即修复到何种程度)提供判断依据的重要参数，而修复性能监测则为评估达到修复目标的效能提供重要信息。

5.1　过　程　监　测

过程监测一般是为了确定仪器设备(混合机、压缩机、注射泵等)是否运行良好(此时应完成系统调试以解决施工过程中所遇到的问题并确保所有仪器设备按既定修复方案运行)。例如,在修复工程中需要根据所测定的修复效果、药剂影响半径等参数对药剂浓度、混合比等进行修正。因此,施工人员可通过监测流量和药剂质量来控制和调整药剂混合比等重要参数。

监测的水力学参数主要包括药剂注射流速和压力。此外,还可能涉及地下水水位变化评估,以及通过观测井或在目标修复区域边缘位置监测示踪剂(药剂浓度)来确定水力性能。地下水化学性质影响监测包括监控 pH 和其他水文地球化学条件变化,关注污染物的迁移情况或金属溶解度的变化等参数(指示监测点氧化药剂达到预期浓度及是否发生预期氧化反应的化学指标)变化情况。

采集监测数据应以设计和成本估算假设为基准,确保目标修复区域在药剂影响半径范围内、药剂达到预设浓度、场地水文地球化学特征变化有利于污染物修复(如 pH 降低至 4.0 以下有利于 Fenton 反应)、修复药剂注射时所监测到的流速和压力及修复系统运行情况等与预期情况保持一致。如果上述基本目标没有实现,则对修复方法、系统设计、操作、修复药剂用量和浓度或其他参数进行修改。

5.1.1　过程监测方案的设计

为确保在水文地质、污染浓度分布和迁移等复杂、不确定性因素较多的情况下达到预期污染物浓度削减或固化稳定的目标,原位场地修复中试或全面修复的过程监测需要仔细规划、设计和执行(ITRC, 2017)。向污染场地注射液体或固体修复药剂会扰动目标修复区域土壤和地下水环境质量,引起孔隙压力、温度、水文地球化学性质、微生物种群、固体表面生物地球化学性质、有效压力、渗透率等的变化。

过程监测设计应设法解决污染场地特定修复技术的关键问题,探明场地水文地质学、地质学、生物地球化学、污染物分布和归趋的特性。此外,过程监测设计过程中还应考虑项目经费预算、施工进度安排、资源限制和施工安全性等相关因素,以实现技术要求和其他制约因素间的平衡。开展过程监测设计前需要充分掌握的信息包括修复设计描述、分析和数值模拟结果、修复试剂供应商信息、实验室小试结果、中试结果和近期实验室测试结果。同时,在进行过程监测方案设计时还可充分借鉴和参考相似场地的经验及国家相关标准与导则(ITRC, 2005)。

在确定场地修复技术的核心问题和属性后,过程监测方案设计阶段应初步总结概括与过程监测及绩效评估监测有关的基本细节和选择。以基于氧化剂注射的污染地下水修复工程为例，以下列举了在过程监测方案设计过程中应予以考虑的基本细节和问题：

(1) 目标修复区域的基本水文地球化学信息(详见 5.2.1 节场地基本条件)、微生物种群特征、垂直与水平水力梯度。

(2) 目标修复区域土壤/沉积物的基本生物地球化学特征。

(3) 影响修复质量和效果的重要因素，如 pH、DO、ORP、修复试剂的黏滞系数、各组分浓度、粒径及其存储和注射过程中的稳定性等。

(4) 药剂混合及注射系统关键位置(如多通阀、泄压阀、注射井等)的压力和流速。

(5) 每口注射井所需的修复药剂注射体积。需要指出的是，需根据设备商给出的说明在药剂注射系统的重要位置安装精度为±3%的流量计。此外，如果电子流量计无法测定固体药剂的体积，则可通过加药箱体的体积对修复试剂投加量进行估算(NAVFAC, 2013)。

(6) 修复试剂注射时地下水水力学参数的响应情况，如地下水高程的变化、裂隙产生情况及固体药剂注射后对含水层渗透系数的改变等(EPA, 2022)。

(7) 因修复试剂直接和间接的注入作用而导致生物地球化学性质改变的土壤和地下水的体积。

在开展场地中试或全面修复工程之前，需要获取目标修复区域的场地基本条件，以辅助理解和分析过程监测所获取的数据(Clayton, 2008)。适当的记录和及时分析过程监测数据及其后续使用情况是修复方案优化的关键。从过程监测获取的数据可分为两类，一类是场地物理性质的变化，另一类是化学/生物地球化学的变化。关注场地土壤及地下水的化学和生物地球化学性质变化有助于证实原位修复是否按预期进行。通过有效的过程监测程序可以解决的具体问题包括：

(1) 修复试剂的扩散及分布情况(土壤钻孔、地下水样品等对估算修复剂的影响半径至关重要)；

(2) 修复试剂是否发挥了预期的作用；

(3) 关注污染物的降解中间产物；

(4) 场地物理性质变化(如渗透率降低或升高)是否印证了目标修复区域的化学或生物地球化学反应；

(5) 是否有迹象表明当前或未来可能发生问题或非预期结果；

(6) 是否有机会优化修复细节或过程监测，或两者兼而有之。

最后，修复人员不仅要评估修复技术的短期效果，还要考虑修复技术的长期可行性。如果短期效果表现出滞后性，是否有优化方法可以使修复效果达到预期目标。过程监测数据是否表明需要对修复方案进行较大的改进，如修复药剂的注射技术。

5.1.2　过程监测的实施

作为一种质量控制措施，过程监测需要在修复工程开展前、过程中和氧化剂注射结束后持续开展。其一般目的包括确定注射氧化剂的浓度、体积、注射速率及影响半径。对有些氧化剂而言，还需要监测它对地下水温度和注射井压力的影响。过程监测阶段的重点是收集数据并确认修复药剂是否按预期注射和迁移到目标修复区域，修复技术是否适合场地特征。审查过程监测数据时，工作人员应考虑的问题包括：

(1)药剂注射压力和流速是否与设计方案和预期保持一致，如果压力和流速与预期相差较大，则表明目标修复区域的地质特征与设计修复方案时所采用的信息有较大偏差。

(2)修复药剂是否按预期注射并迁移至目标区域。

(3)所有目标点位是否都按预期注射了足够质量的修复试剂，对于修复药剂浓度低于预设目标的点位应采取哪些措施。

(4)在监测井附近是否出现了非预期结果，如水位变化情况等。

(5)修复试剂是否穿透并扩散到非目标区域。

(6)过程监测所获取的指示参数是否能证明修复区域已发生化学或生物化学反应。例如，在以过硫酸盐为氧化剂的修复场地，地下水和土壤的 pH 是否降低；当采用高锰酸盐为氧化剂时，土壤和地下水是否有颜色变化等。

(7)如果过程监测数据不在预期范围内，是否有可行的方案对正在开展的修复技术进行调整。

5.1.3　过程监测反馈

应及时或尽可能及时地评估过程监测获取的数据，以便优化修复过程(修复方案、修复目标等)。由于过程监测的实时性和重要性，建议尽量安排经验丰富的施工人员完成过程监测的任务，且所有参与过程监测的修复人员均须接受岗位培训，以便使其充分了解修复目标、预期结果和修复的重要节点。因此，全面的工作计划或场地修复计划应预判场地修复过程中可能出现的复杂情况，并对可能出现的情况制定相应的应急措施。

此外，还应建立一个正式管理团队来管理和下达经过程监测数据分析而对原始修复计划所做的变更通知。变更某一修复方案将会对后续修复工作产生一系列的影响，因此，应该在综合评估过程监测数据后对修复方案进行系统修改而非独立改变某一施工或技术指标。表 5-2 提供了在过程监测中可能遇到的典型情形及其产生的潜在原因。

表 5-2　　过程监测中可能遇见的典型情形及其潜在原因分析

数据类型	情形	潜在原因分析
水位	当药剂注射量较少时,监测井周围的水位升高幅度较大	可能存在优势流通道
压力	注射压力显著高于预期压力	土壤或沉积物密实导致注射井堵塞,且较高的压力可能产生较多的土壤裂隙,此时,应该根据实际渗透系数更改注射方案,否则药剂的影响半径将低于预期值
	注射压力显著低于预期压力	该情形表明注射管道可能存在泄漏或测试仪表出现故障
	压力突然降低且流速升高	表明可能存在优势流路径、裂隙或注射过程对地下水土层造成劈裂
物理参数	电导率、温度、浑浊度或其他修复试剂的指标参数(如 TOC 或颜色)的观测值低于其相应注射量所产生的预期值	该情形表明可能存在优势流路径或监测井之间存在连通的通道;还表明目标修复场地面积较大,容易产生更多的裂隙
	监测井中观测到较高浓度的蒸汽或发出特殊气味或产生明显的颜色变化	产生预期外的副反应,表明药剂可能注射至污染物的非水相污染区域
	没有监测到电导率、温度、浑浊度或其他修复试剂的指标参数(如 TOC 或颜色)的变化或其变化程度较小	可能存在优势流路径导致氧化剂迁移至目标区域之外或氧化剂注射量较小
	电导率、温度、浑浊度或其他修复试剂的指标参数(如 TOC 或颜色)的变化间隔比氧化剂的注射间隔长	考虑存在密度驱动流(density-driven flow)或优势流路径,从而阻碍了修复药剂进入目标修复层
钻孔数据	钻孔修正	由于土壤裂隙的产生,注入泥浆或修复试剂稳定剂在粗粒地层中的影响半径较大,而在细粒地层中的影响半径较小。根据地层有效孔隙度对药剂注射方法和体积进行优化修订,在粗粒土中可能需要采用喷射注射

5.2　性 能 监 测

　　当修复工程开展后,须持续进行过程和性能监测,以确保修复技术得到正确实施。修复工程中,最具挑战的一项内容就是确认修复方案成功与否,而充分的性能监测设计和过程评估可以用来论证修复目标是否达到,进而辅助确认修复方案的成败。例如,通过性能监测发现污染物质量流削减到目标值时,则可判断修复方案成功,可停止修复工程(Krembs and Clayton, 2010)。从项目管理的角度来看,ISCO 修复工程中最重要的过程之一是性能监测,因为其主要解决以下几个方面的问题。

　　(1)适用性;

　　(2)有效性;

(3) 安全性;

(4) 完成时间;

(5) 污染物浓度潜在反弹性;

(6) 修复成本。

性能监测的目的主要包括确定场地修复前的基本条件、测定污染物降解量并监测污染物释放和迁移情况。鉴于过程与性能监测在修复工程中的重要地位,其监测频率往往要大于修复后期监测和关停监测(ITRC, 2020)。本节将从场地基本条件、关注污染物和降解产物、金属物质溶解和迁移三个方面详细阐述在性能监测方案设计时,修复人员应考虑的问题及注意事项。性能监测方案设计清单见表 5-3。

表 5-3　性能监测方案设计清单

考虑事项	解决方案
附近是否有暴露受体	监测井的布设应确保氧化剂、降解产物、关注污染物远离暴露受体
是否发生金属和降解产物的迁移	分析修复区域和监测井中溶解相金属和降解产物的浓度,判断其是否发生迁移
是否会发生修复反弹现象	开展修复后期监测,确定关注污染物浓度变化趋势
国家政策对监测方案的规定如何	详细了解国家导则对监测频率、土壤、地下水中降解产物及氧化剂浓度限值的相关规定
ISCO 修复结束后是否需要开展其他修复技术	采用 ISCO 修复技术将极大地影响地下水环境化学质量,需严格监控对后期所选修复技术有影响的关键参数指标

5.2.1　场地基本条件

场地基本条件的测定主要包括土壤和地下水中目标污染物、污染物的生物及非生物降解副产物、金属离子和基本参数(如 pH、溶解氧、氧化还原电位)的分析(生态环境部, 2020)。例如,原位氧化修复可能产生某种降解副产物,那么,通过场地基本条件分析,可预先确定场地中是否存在该物质,如果存在该物质,其浓度为多少。在此基础上,当氧化药剂注入并开始修复后,则可以很清楚地确认场地中的该种物质是氧化降解目标污染物产生的还是前期就已经存在于场地中,如果是氧化降解产生的,那么修复过程中到底产生了多少该中间产物。对于需采用原位高级氧化修复且还在进行工业生产活动的污染场地而言,开展氧化修复工程之前,还有必要对室内挥发性有机化合物(VOC)的种类和浓度进行检测,以便后期判断氧化修复工程是否导致了污染物挥发。此外,对场地基本条件的分析与确定,还有助于精确测定反应过程,确定氧化-削减反应何时结束。为了精确获取场地基本条件信息,监测点的理想布点位置应该包括污染区域的上游方向。

当评估场地修复效果时,必须要考虑的一个问题是药剂注射后,污染源区的注射井内地下水可能被替换而导致短时污染源区注射剂及监测井中污染物浓度降低的现象，故这种短时污染物浓度降低的现象往往并不能说明污染物已经发生了氧化降解，而污染羽区域监测井的前后数据分析，则可辅助判断是否发生了这种现象。即当整个污染羽区域内，所有监测井内污染物浓度均显著降低时才能确定已经发生原位氧化降解。如果污染源区的污染地下水被替换到了污染羽区域(药剂注射后，将污染源区域的地下水排挤至污染羽区域)，则会出现污染羽多个区域的监测井内污染物浓度升高的现象。

在场地修复效果评价时，需要着重考虑的另一个问题是可能发生的污染物浓度反弹现象。如果场地中存在 DNAPL，随着氧化药剂注射后周围地下水中溶解相污染物浓度的降低，DNAPL 相污染物将缓慢释放至地下水中，从而导致修复后场地内污染物浓度反弹现象的发生。为了监控这一情况是否发生，注射药剂的修复区域在完成药剂注射后至少还需要进行 3 个月的污染物浓度变化情况监测。因此，当前期场地基本信息监测发现污染场地中存在大量 DNAPL 相污染源时，设计监测计划时需要充分考虑可能发生修复反弹的现象而延长监测时间。

开展原位氧化修复时，对饱和含水层和包气带土壤及地下水中有机污染物的分析同样至关重要。对饱和含水层而言，如果只分析地下水中污染物浓度，则无法确定饱和区域内吸附在土壤固相颗粒上的污染物情况。在原位氧化修复过程中，由于土壤固相颗粒中污染物的解析和液相中污染物的氧化降解，在监测到的地下水样品中常常发生污染物浓度的瞬时升高和降低。一个常见的现象是，氧化药剂注射后，溶解相污染物浓度发生短时升高，随后，污染物浓度由于溶解相污染物氧化降解而逐渐降低，最后溶解相污染物浓度与土壤中吸附的污染物浓度重新达到平衡。因此，布设足够数量的监测井和含水层中土壤污染物浓度的全面调查分析对原位氧化修复工程而言极为重要。此外，对于仅仅是土壤包气带受到污染的场地而言，地下水中有机污染物浓度变化的监测，能够判断修复过程中，包气带土壤中污染物是否被淋溶至地下水。因此，应该充分考虑监测井布设点位，确保监测井沿污染物浓度梯度反向递减，并且合理布设采样深度及采样间隔。如果污染源深度小于 7.62 m，而监测井筛管开口位于地下 7.62～9.14 m，则无法监测到污染物迁移情况。场地概念模型是场地地下岩性、污染物浓度及分布等关键信息的总结和具象化，因此，构建合理的场地概念模型在指导监测井点位布设时具有重要意义。

5.2.2　关注污染物和降解产物

为了准确评估修复效果和性能，还需要优化关注污染物和中间降解产物的采样及分析方案。除了现场采用便携式采样及分析仪器测试的样品外，送检实验室的样品需要确保样品瓶中的氧化剂已经被移除(国家环境保护总局，2014；生态环境部，2019)。这是因为当前实验室 VOC 分析方法规定，场地采集的样品在 14 d

内分析完成即可。因此，如果采集的样品中氧化剂没有被去除，那么后期所检测出来的污染物浓度将比实际情况低很多(环境保护部，2013，2012)。

由于注射井内氧化剂浓度高，污染物氧化降解强烈，且液态药剂注射可能将注射井周围受污染的地下水排挤到周边污染羽内，注射井内污染物浓度往往相对较低，不具有代表性。因此，一般而言，注射井不适合做性能监测井和后期关停监测井。然而，当氧化剂注射后有足够的采样时间间隔，以确保注射井周围的水文地质条件达到平衡时，则可充分利用注射井来监测污染物浓度变化情况，以减少取样成本。此外，还可以采用直推法构建临时监测井，用来与周边长期监测井所监测的数据进行对比分析。

5.2.3   金属物质溶解和迁移

对地下水中溶解相的金属进行监测分析同样至关重要。因为，某些对氧化还原电位较为敏感的金属在加入氧化剂后容易被氧化成溶解度更高的氧化态，尤其是当所选择氧化剂(如高锰酸钾)在自然环境中存留的时间较长时，对溶解相金属的监测分析更不可或缺。一般而言，需要监测的金属种类主要包含砷(类金属)、钡、钙、铬、铜、铁、铅和硒(类金属)，因为这些金属的氧化形态溶解性更高。在污染场地经过高级氧化修复之前，这些金属常常呈现还原态，因此，地下水中的溶解态含量往往较少甚至低于检出限，但当氧化剂注入之后，其被氧化后将溶解进入地下水中。因此，这些金属溶解相的监测对指示场地氧化修复的性能具有重要意义。然而，当污染场地中这些金属的背景值较高或其本身存在金属污染物并经过还原修复时则不适用于溶解态金属监测分析。此外，金属溶解释放至环境中的过程还可能与有机质(如腐殖酸)有关。有机结合态金属通常溶解度低，当有机质被氧化时，与之结合的金属则会溶解释放至环境中。大部分场地和实验室数据的分析表明，以氧化态溶解至水中的金属，氧化修复完成后其溶解相浓度将逐渐降低至原来的背景值。为尽可能减少原位高级氧化修复后，因金属溶解带来的环境风险，可以采取以下措施：

(1)测试土壤中金属总含量,分析该场地因氧化修复而导致的金属溶出风险的大小；

(2)取场地土壤和地下水进行实验室小试,分析开展原位氧化修复可能导致的金属溶出量,全面评估其环境风险。

5.3   监测技术及评价指标

原位氧化修复性能监测与评价的基础信息来源于监测指标，根据监测指标的变化情况，修复人员可以详细评价修复效果，判断是否达到修复目标，决定是否可以停止修复工程。因此，监测指标的选取意义重大。根据前期经验，对场地监测的常见参数及其监测目的总结见表 5-4。

表 5-4　监测及评价指标

监测参数	监测目的	预期	监测时机和频率
地下水中关注污染物浓度	评估修复目标是否达到	低于规定值	高锰酸钾及过硫酸盐：一次/月；Fenton：一次/d
土壤中关注污染物浓度	评估修复目标是否达到	低于规定值	场地基本情况调查及修复结束后各一次
氧化剂	判断药剂扩散半径及持久性	扩散至整个修复区域	注射间隔期间监测；如有抽提井，需要在整个注射期间时刻监测
金属	评估氧化修复是否导致金属溶出和迁移，并达到危害程度	商业高锰酸钾可能含有重金属；Fenton和过硫酸盐可降低 pH 导致金属溶出；部分金属氧化态溶解性更强	注射前、中、后期监测；Fenton：修复开始至结束，一次/d
阳离子	监控含水层水文地球化学特征变化；判断修复区域是否有足够 Fe 离子来活化 H_2O_2 和 $S_2O_8^{2-}$	氧化和 pH 降低可能导致矿物溶出而降低其浓度	同上
总溶解性固体	监控含水层水文地球化学特征变化	原位氧化可能改变含水层溶解性固体总量	注射前、中、后期监测
Cl^-、NO_3^-、SO_4^{2-}	评估矿物组成变化	提供氧化剂影响半径信息(SO_4^{2-})；提供氯代烃降解情况信息(Cl^-)；判断后期是否适合开展原位生物降解技术(NO_3^-)	同上
碱度(CaCO$_3$)	评估含水层对 pH 的缓冲能力	碱度指标将影响修复时调节 pH 所需酸的投加量	同上
溶解氧	有机污染物含量和氧化剂迁移指标	氧化剂注射后溶解氧含量提高，反映氧化条件，一般与氧化剂迁移一致	注射前、中、后期监测；Fenton：修复开始至结束，一次/d
氧化还原电势	水质参数及氧化区域指示指标	ISCO 将导致修复区域氧化还原电位升高	同上
pH	水质参数，确定 pH 是否适合所需的氧化反应	不同 pH 条件下氧化反应不同，调整 pH 以获得最优反应条件；过硫酸盐将导致 pH 降低从而使金属溶出	同上
温度	水质参数，安全参数(Fenton)	Fenton 及高锰酸钾反应放热，导致水温升高	同上
电导率	水质参数，可用于指示氧化剂扩散范围	氧化剂注射导致电导率变化	同上
地下水水位	确定水力梯度	药剂注射不应对水力梯度影响过大	注射期间监控

在某些特殊情况(如待修复的场地在产时)下，监测的关键参数还应包括VOC、最低爆炸极限(lower explosive limit，LEL)等。当场地修复采用的氧化剂为Fenton 试剂，且过氧化氢浓度较高、注射压力较大时，LEL 和温度的监控尤为重要。如果选用的氧化剂为臭氧，那么过程与性能监测的参数还应包括臭氧浓度、氧气浓度及 VOC。本节将按选取的氧化剂种类详细阐明各种原位氧化修复技术的过程与性能监测所需的注意事项与参数指标。

5.3.1　高锰酸钾

高锰酸钾溶液是紫色的，当使用高锰酸钾作为氧化剂时，只需要通过便携式紫外分光光度计对监测井中水样进行测试便可知道氧化剂的浓度并确定注射井的影响半径(ROI)。基于高锰酸钾的氧化反应符合二级反应动力学模型，反应动力学常数大小取决于高锰酸钾的浓度。因此，为了充分氧化降解目标污染物，需要注射足够量的高锰酸钾，以确保修复区域所有监测井中高锰酸钾的浓度不小于 50 mg/L，此时，可以直观地看到监测井中地下水颜色为暗紫色。同时，还需要沿着地下水流向布设监测井，以较高的频率监测溶解相金属浓度及污染物浓度的变化情况，确保溶解相金属和污染物不会迁移至场地外。通常，前三个月对金属和污染物浓度监测的频率为每月一次。

5.3.2　过硫酸钠

过硫酸钠溶液为无色透明，当采用过硫酸钠为氧化剂时，可通过测定监测井中的 pH 和过硫酸钠浓度的方式来确定注射井的影响半径。与基于高锰酸钾的修复技术相同，基于过硫酸盐的高级氧化修复技术也需要严格监控地下水中溶解相金属和关注污染物的浓度。在反应初期，溶解相金属和污染物的迁移较为频繁，因此，注射氧化剂后的前三个月也需每月对其进行一次取样调查。此外，过硫酸钠与污染物发生反应后会生成硫酸根和氢离子，导致环境 pH 下降，并使环境中硫酸根浓度升高，可能会对土壤和地下水造成二次污染。因此，采用过硫酸钠为氧化剂时，还应对环境中的硫酸根浓度进行监测。

5.3.3　过氧化氢

过氧化氢属于易爆物质，故当采用过氧化氢做氧化剂时，为保证现实情况完全符合前期修复技术方案，确保施工安全，需要严格监控注射井中的温度、pH 及压力。其具体方法与频率见表 5-5。

表 5-5 注射井中所需监测的过程参数及其方法

监测参数	监测方法	监测频率
pH	便携水质参数仪	注射时开始一天一次
温度	便携水质参数仪	时刻监控
压力	压力传感仪	时刻监控

上述参数应时刻保持在设计方案规定的范围内，以确保修复效果最优、无过量气体排放(如果瞬时排放气体量过大则可能导致爆炸)、污染物不发生迁移、土壤不发生固结。除了在注射井中监控上述重要过程参数外，还须在注射井附近的监测井进行监测，以便了解监测井周围的反应进程，确定最优修复影响半径。表 5-6 列举了 Fenton 反应所需监测的场地参数及其方法。通常来说，氧化剂注射后需要数天时间才能达到预期影响半径并维持稳定。此外，当待修复场地还在进行生产活动时，必须严格监控室内 VOC 浓度和温度。饱和含水层土壤中污染物浓度的降低也是反映地下水修复效果的重要指标，所以无论是修复前饱和含水层土壤中污染物的基线浓度还是修复后的浓度调查，对评估修复效果和性能都至关重要。

表 5-6 Fenton 反应所需监测的场地参数及其方法

监测参数	监测方法	监测频率
pH	便携水质参数仪	一天一次
温度	便携水质参数仪	时刻监控
氧化还原电位(ORP)	便携水质参数仪	一天一次
溶解氧(DO)	便携水质参数仪	一天一次
电导率	便携水质参数仪	一天一次
铁离子	便携式场地监测仪	一天一次
VOC	便携式 VOC 气体检测仪	一天一次
CO_2	井下监测仪	一天一次

5.3.4 臭氧

臭氧是一种强氧化性气体，与其他氧化剂相同，使用臭氧进行修复时需要对场地中污染物及金属离子的浓度进行监测。此外，臭氧对人的肺部和黏膜具有刺激和损害作用，因此，在利用臭氧做氧化剂时，需要监测注射井、监控井及施工现场的臭氧浓度。同时，还需监测挥发出来的 VOC 浓度，以确保施工安全。臭氧溶解于地下水会造成水中溶解氧含量升高，因此可将溶解氧含量变化作为监测指标之一（Bhuyan and Latin, 2012）。

5.4　监测及评价案例分析

5.4.1　中国北方某退役化学试剂厂氯代烃污染场地中试

本案例以中国北方某退役化学试剂厂典型氯代烃类污染场地为研究对象，开展碱活化过硫酸盐氧化降解氯代烃污染地下水中试研究，并对去除过程进行跟踪监测及评价（李传维等，2021）。所选区域的主要污染物为氯乙烯、顺-1,2-二氯乙烯、反-1,2-二氯乙烯、三氯乙烯等。该区域修复面积约为 1557 m^2，地下水修复深度为 3～7 m，总计工程量（以含水层土方量计）约为 6229 m^3。实验区域及注药点布设如图 5-1 所示，共计布置 210 个注药点。

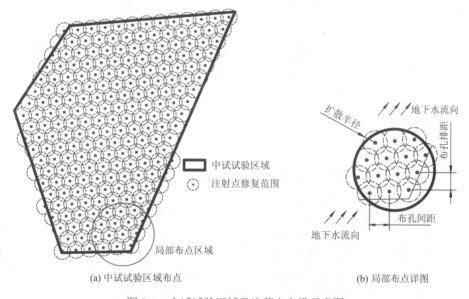

(a) 中试试验区域布点　　　　　　　　　(b) 局部布点详图

图 5-1　中试试验区域及注药点布设示意图

碱活化过硫酸盐氧化技术的中试规模工程应用中所采用的修复药剂主要包括过硫酸盐氧化剂和碱活化剂。

中试修复施工完成 30 天后，对区域内地下水进行监测，污染物采样监测井 MW-1、MW-2、MW-3 和硫酸根采样监测井 SW-1、SW-2、SW-3、SW-4 布点如图 5-2 所示，每月采样 1 次，共采集 8 个批次。检测指标为地下水中目标污染物（氯乙烯、顺-1,2-二氯乙烯、反-1,2-二氯乙烯、三氯乙烯等）。根据《污染地块地下水修复和风险管控技术导则》（HJ 25.6—2019）中相关要求，对中试规模工程应用修复达标进行初判。监测结果表明,在修复施工 8 个月后,MW-1、MW-2 位置 4 种目标污染物(即氯乙烯、顺-1,2-二氯乙烯、反-1,2-二氯乙烯、三氯乙烯)和 MW-3 位置的顺-1,2-二氯乙烯、三氯乙烯浓度均已低于修复目标值。但由于 MW-3 位置的氯乙烯和反-1,2-二氯乙烯污染浓度较重,在第 8 次采样时仍未达到修复目标值。为确保修复效果、满足工程工期要求,工程应用时针对 MW-3 位置地下水污染物初始浓度偏高的污染区域,适当调高氧化剂投加比或进行二次补充注射。

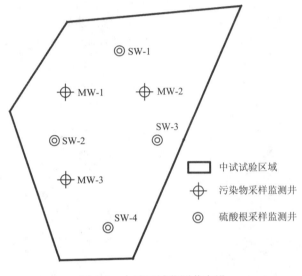

图 5-2　中试区域监测井布设

修复施工结束后,对实验区内地下水中硫酸根离子浓度进行长期监测,地下水监测井编号为 SW-1、SW-2、SW-3、SW-4,监测井位置详见图 5-2。长期监测自注药施工完成、硫酸盐氧化剂与地下水中污染物反应稳定后开始,同时对地下水中的硫酸根离子残留浓度进行监测。监测结果表明,注药完成 8 个月后,整个实验区内地下水中残留的过硫酸盐浓度趋近于同一浓度值。

5.4.2　中国南方某多环芳烃污染地块修复工程

本研究以中国南方某多环芳烃污染地块为案例,采用原场异位化学氧化技术进行修复(戚惠民,2018)。该场地前期为工业用地,未来将作为商业、服务业及商务办公综合用地。根据水文地质调查结果,现场土层主要由杂填土、粉质黏土、淤泥质粉质黏土(未穿透)组成,推测场地内浅层地下水流向是自北向南方向。该污染场地多环芳烃污染物主要为苯并(a)蒽、苯并(a)芘、苯并(b)荧蒽和茚并(1,2,3-cd)芘,且主要分布在 0~0.7 m 深度范围内。根据场地环境调查结果,利用 Surfer 软件,首先分别对场地中污染物的水平和纵深分布进行模拟,然后将各污染物浓度超标范围进行叠加，得到该多环芳烃污染场地总的修复范围约 4500 m²，修复深度约 0.7 m，修复土方体积约 3500 m³。

传统 Fenton 试剂(Fe^{2+}/H_2O_2)中采用亚铁离子作为催化剂，反应体系需保持酸性环境。在进行现场修复时，采用柠檬酸替代无机酸对土壤进行酸化，有效避免场地土壤的二次污染。在进行现场处理之前，通过小试确定了氧化剂、柠檬酸溶液和硫酸亚铁溶液的添加浓度，并考虑经济因素，最终确定采用过氧化氢浓度为 1.20 mol/L、柠檬酸溶液和硫酸亚铁溶液的浓度分别为 0.55 mol/L 和 0.12 mol/L 的类 Fenton 试剂对污染场地进行修复，采用原场异位化学氧化修复技术。

经异位类 Fenton 试剂氧化处理后的土壤中各项污染指标都低于修复目标值，均达到验收标准。修复后土壤的 pH 在 6.16～7.60，平均值为 6.88，与未处理前对比，pH 降低了 0.69，降低幅度不大。结果表明，以柠檬酸为催化助剂的异位类 Fenton 化学氧化能够快速有效地修复以苯并(a)蒽、苯并(a)芘、苯并(b)荧蒽和茚并(1, 2, 3-cd)芘为主要污染物的多环芳烃污染场地，且对场地土壤各项基本物理指标的影响较小。本研究可为相似多环芳烃污染场地治理工程提供技术参考。

5.4.3　中国南方某水泥厂地块总石油烃污染修复工程

该水泥厂地块土壤中的目标污染物为总石油烃(C_9～C_{16})，修复目标值为 298 mg/kg，污染土壤的修复面积约 3961 m²，深度为 1～4 m，对应的修复土方量约为 11 883 m³。该工程采用异位化学氧化修复技术，将有机污染土壤清挖并转运至修复场地，经过预处理降低土壤粒径、含水率后，向土壤中添加主要成分为过硫酸钠的氧化药剂 COO-24 及活化药剂氧化钙。通过机械筛分、搅拌使药剂与土壤混合均匀，确保氧化药剂能够与土壤中的污染物充分接触反应，降解土壤中的有机污染物，必要时还需向土壤中补充水分，促进有机污染物和氧化药剂反应、分解。在修复区域的污染土壤开挖完毕后，对开挖区域的侧壁和底部进行 1 次取样检测，作为清挖效果评估监测。采用对角线法进行采样点位布设，采样点位置依据土壤异常气味和颜色并结合场地污染状况来确定，基坑侧壁布采样点共 48 个，将坑底均匀分块，单块面积不应超过 400 m²，共分为 10 块，每块采用对角线法进行采样点位布设，每块采集 4 个样品，共计 40 个样品。

若研究区内清挖出的污染土壤含水率高于化学氧化修复工艺的含水率要求（含水率在 20%以下），会不利于过硫酸钠与污染土壤的充分混合。因此，需先对含水率较高的土壤进行降低含水率的预处理。污染土壤采用筛分破碎设备进行破碎处理，筛分破碎过程中，通过投加氧化钙，降低土壤含水率至 20%后，再进行后续化学氧化修复。加入药剂后的土壤在原车间内进行堆置养护。在养护过程中进行补水，保持土壤含水率不低于 30%。根据布点方法，土壤堆体采样布点示意图如图 5-3 所示，研究区污染土壤修复开始前即在土壤堆体中设置了 32 个采样点位，根据实验室小试结果，在预期达到修复目标的养护时间 14 天后，再取两次样对修复效果进行验证，因此分别在修复开始前（即养护 0 天）、养护 3 天、养护 5 天、养护 7 天、养护 10 天、养护 14 天、养护 21 天和养护 28 天时各取 32 个样，检测土壤中残留的总石油烃($C_9 \sim C_{16}$)浓度。

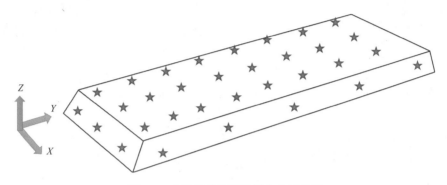

图 5-3　土壤堆体监测采样布点示意图

在污染土壤完成化学氧化、堆置养护之后，根据施工进度安排进行取样检测，评价化学氧化的修复效果。在经过 21 天的养护后，土壤中的总石油烃(TPH)污染物浓度降低至修复目标值以下。如检测结果表明个别点位处理效果不达标，在排除人为采样干扰后，须对该点位所代表的 $400 \ m^3$ 污染土壤再次进行化学氧化修复处理，并再次进行采样检测。此外，对于采用高压水工艺冲洗的污染建筑垃圾，需要以土壤修复目标值作为评价标准，评价指标为场地修复的目标污染物，进行修复效果评估，最后该场地所有建筑垃圾均满足修复标准。

5.4.4　美国弗吉尼亚州阿勒格尼弹道实验室场地中试

该场地位于美国弗吉尼亚州阿勒格尼弹道实验室所在地，场地污染物主要为含三氯乙烯(TCE)的氯化挥发性有机污染物(CVOC)，采用基于过硫酸盐的高级氧化技术和高锰酸钾氧化技术进行了污染场地修复的中试研究(Rosansky and Dindal, 2010)。

过硫酸盐通过循环系统被注入目标含水层区域，该循环系统由位于该四边形场地边缘的 4 口抽出井和位于中心的注入井组成，见图 5-4。在中心注入井和抽出井之间还设置了 4 口动态监测井，用于在修复过程和结束后对污染物和氧化剂浓度进行监测和评估。在污染场地下游边缘设置了另外一口监测井，用于监测污染物或氧化剂的潜在迁移。现场还安装了土壤蒸汽探测器，以监测任何泄漏到大气中的 CVOC。

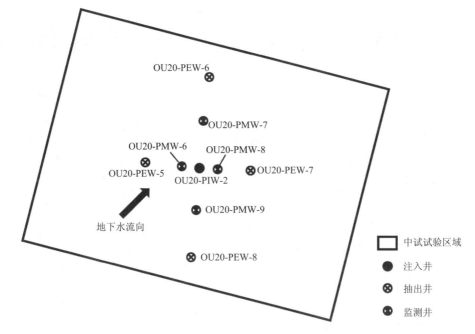

图 5-4　中试试验区域监测井布设

在 2007 年 1 月 26 日至 2 月 1 日的大部分时间里，氧化剂被连续注入。初始地下水抽取率为 3 gal/min（来自北部和南部抽出井）和 2 gal/min（来自东部和西部抽出井），总注入率为 10 gal/min。每一批处理过的地下水由大约 1020 gal 的地下水和 175 kg 氧化剂混合而成。碘化钾淀粉试纸被用来测量过硫酸盐在含水层中从中央注入井传播了多远。

监测结果表明，在注入过硫酸盐后第 7 天和第 19 天，现场的 TCE 水平急剧下降。然而，处理区内监测到的 TCE 浓度出现了不同程度的反弹。在注入氧化剂之后，TCE 水平的急剧下降表明氧化剂被成功注入并到达污染区域。随后的反弹主要是由于受污染的地下水从周围含水层流入。与注入点附近的井相比，远离中心注入点的井污染物浓度下降相对较慢，这表明氧化剂在含水层中存在了相当长的时间。

对不同时间井中剩余过硫酸盐浓度进行了监测。过硫酸盐浓度变化与 TCE 一致。过硫酸盐残留量最高的井也是 TCE 下降幅度最大的井，且距离注入井最近。在 90 天的周期结束时，所有处理区域的井仍有过硫酸盐残留。这些井中，残余的过硫酸盐与稳定或不断增加的 TCE 共存，这表明可能需要一定的过硫酸盐阈值来启动氧化反应，从而降解 TCE。

过硫酸钠注射液对氧化还原电位（ORP）、溶解氧（DO）和 pH 有明显的响应。在几口井中，ORP 急剧上升，而 pH 急剧下降。这些趋势符合在含水层中产生强氧化条件的预期。

　　此外，在修复过程中对地下水离子浓度进行了监测。在一些井中，溶解铁含量急剧上升，而所有井中锰含量急剧下降。锰含量的急剧下降是强氧化条件将锰（Ⅱ）转化为锰（Ⅳ）的一个迹象，后者以二氧化锰的形式沉淀出来。通常，天然溶解的铁可能会在强氧化条件下析出，但在这种情况下，铁的来源可能是天然矿物。在强氧化条件下，还原性矿物(如黄铁矿和其他矿石)的溶解可能导致溶解的铁和硫酸盐浓度增大，以及砷、钒和铬含量的增加。虽然地球化学环境(pH、ORP 和 DO 水平)已经恢复到预处理条件，但其中许多金属的含量仍然显著升高。这些金属的浓度需要在处理区域的井中进行额外的监测。

参 考 文 献

国家环境保护总局. 2004. 土壤环境监测技术规范: HJ/T 166—2004.

环境保护部. 2012. 水质 挥发性有机物的测定 吹扫捕集/气相色谱-质谱法: HJ 639—2012. 北京: 中国环境科学出版社.

环境保护部. 2013. 土壤和沉积物 挥发性有机物的测定 顶空/气相色谱法-质谱法: HJ 642—2013. 北京: 中国环境科学出版社.

李传维, 迟克宇, 杨乐巍, 等. 2021. 碱活化过硫酸盐在某氯代烃污染场地地下水修复中的应用. 环境工程学报, 6: 1916-1926.

戚惠民. 2018. 异位类 Fenton 化学氧化在多环芳烃污染场地修复中的应用. 环境工程学报, 12(11): 3260-3268.

生态环境部. 2019. 地块土壤和地下水中挥发性有机物采样技术导则: HJ 1019—2019. 北京: 中国环境出版社.

生态环境部. 2020. 地下水环境监测技术规范: HJ 164—2020. 北京: 中国环境出版社.

Bhuyan S J, Latin M R. 2012. BTEX remediation under challenging site conditions using in-situ ozone injection and soil vapor extraction technologies: A case study. Soil & Sediment Contamination, 21(4): 545-556.

Clayton W S. 2008. In situ chemical oxidation (basics, theory, design and application). California Department of Toxic Substances Control Remediation Technology Symposium, Sacramento.

EPA. 2022. Underground injection control regulations. US Environmental Protection Agency.

ITRC. 2005. Technical and regulatory guidance for in situ chemical oxidation of contaminated soil and groundwater. Second edition. Interstate Technology & Regulatory Council, USA.

ITRC. 2017. Remediation management of complex sites. Interstate Technology & Regulatory Council, USA.

ITRC. 2020. Optimizing injection strategies and in situ remediation performance. OIS-ISRP-1. The Interstate Technology & Regulatory Council, USA.

Krembs F J, Clayton W S. 2010. ISCO design best practices as demonstrated by past case study data. Monterey: The Seventh International Conference on Remediation of Chlorinated and

Recalcitrant Compounds.

NAVFAC. 2013. Best practices for injection and distribution of amendments. Battelle Memorial Institute and Naval Facilities Engineering Command Engineering and Expeditionary Warfare Center Alternative Restoration Technology Team. TR-NAVFAC-EXWC-EV-1303.

NJDEP. 2017. In situ remediation: Design considerations and performance monitoring technical guidance document. Version 1.0. NJDEP Site Remediation and Waste Management Program. New Jersey Department of Environmental Protection.

Rosansky S, Dindal A. 2010. Cost and performance report for persulfate treatability studies. Port Hueneme: Naval Facilities Engineering Service Center, 103.

第6章 高级氧化技术案例分析

高级氧化技术的应用已经日趋成熟,也被成功运用到实际的污染场地治理中。针对场地实际条件,选择合适的高级氧化修复技术方案显得十分迫切和具有深远意义。高级氧化技术起源于 Fenton 反应,相比一般的化学氧化,其优势在于产生的羟基自由基(·OH)氧化还原电位远高于普通氧化剂,能够降解绝大多数环境中的有机污染物。本章选择五个国内应用高级氧化技术修复有机污染物的案例,第一个案例主要是修复氯苯污染的地下水,并且根据实际场地条件采用了自主开发的连续管式原位注入化学氧化技术。修复 30 天后,实验区氯苯质量浓度均低于 400 μg/L 的修复目标值,进一步说明了实验区地层中注入药剂的有效影响半径达到了 2.00 m。第二个案例选择过硫酸钠作为氧化剂,选择生石灰作为活化剂。修复后的土壤中石油烃和苯并(a)芘质量浓度分别降至 100 mg/kg 和 0.05 mg/kg 以下,均低于风险控制值,满足修复要求。第三个案例侧重于修复土壤中轻质非水相液体(LNAPL)污染物,考虑到土壤中含有足够的亚铁离子,没有注入硫酸亚铁,并且考虑到 Fenton 试剂对普通材料具有腐蚀性,而且反应过程会产生一定的热量,故采用了不锈钢材料的注入管。第四个案例侧重于修复土壤中石油烃污染物,以过硫酸钠为氧化剂的化学氧化技术对石油烃污染土壤的修复效果良好,修复工期短,在对石油烃污染土壤修复后,土壤中石油烃浓度下降至 154 mg/kg,远低于修复目标值 826 mg/kg。第五个案例对石油烃污染地下水地块进行了示范应用。采用了水平修复井技术协同碱活化过硫酸钠的化学氧化技术进行精准修复,修复后的石油烃浓度降低了 96.47%以上,并且在工期 100 天内达到了修复目标和预期效果。

本章系统介绍这五个国内典型的高级氧化技术在工程实践中的应用案例,包括场地概况、水文地质调查、高级氧化修复技术工艺及监测评估等几部分,旨在为广大环境污染场地修复人员选择合适的高级氧化修复技术、工程设计及其技术参数提供理论支撑和技术借鉴。

6.1 天津某退役化工厂氯苯污染地块

6.1.1 场地概况

本研究以天津某退役化工厂氯苯污染地块为案例,工程修复采用北京建工环境修复股份有限公司自主研发的连续管式原位注入化学氧化技术(沈宗泽等，2022)。该化工厂始建于 20 世纪 90 年代，占地面积约 4.51×10^5 m^2。环卫设施用地被确定为该地块土地利用方式。依据场地环境详细调查报告，地块内的实验区存在地下水氯苯污染，氯苯质量浓度在 600~1200 μg/L，污染深度为 2.10~16.00 m，污染范围为 443 m^2，修复目标值为 400 μg/L。

6.1.2　生产历史

该化工厂建厂以来主要从事香精香料的生产，于 2008 年全部停产搬迁。

6.1.3　水文地质调查

根据地质勘察报告结果，该地块地层分布情况为：①杂填土和素填土组成的人工填土层；②粉质黏土、粉土组成的第Ⅰ陆相层；③粉质黏土、粉土组成的第Ⅰ海相层；④粉质黏土组成的全新统下组沼泽相沉积层；⑤粉土和粉质黏土组成的全新统下组河床-河漫滩相沉积层。依据水文地质调查结果，地块内地下水埋深为 2~16 m。潜水水位一般保持在 1.00~2.00 m 的年变幅。区域内潜水含水层的渗透系数较小，导致地下水径流缓慢和渗透性较差。包气带主要分布人工填土、粉质黏土和粉土；含水层主要分布黏土、粉质黏土、粉土；承压含水层的隔水顶板为粉质黏土层，总体分布粉土层。包气带垂向渗透系数取值为 0.054 m/d；潜水含水层渗透系数取值为 0.19 m/d。

6.1.4　施工设计及监测评估

1. 工艺设计

本项目将自主研发的连续管式原位注入化学氧化技术确定为场地氯苯污染修复技术。其中自动溶配药、连续管注入和自动控制集成三个模块构成了连续管式原位注入系统。药剂储存槽(储存固体药剂)、干粉输送机、自动定量配药系统、液体溶药箱(储存液态药剂)、高压柱塞泵及其泵控系统、清水箱等构成了自动溶配药模块；滚筒、注入头、连续管、喷嘴及液压动力系统等构成了连续管注入模块；液压控制系统、仪器仪表、传感系统、信号处理系统和操作室等构成了自动控制集成模块。设备工作流程包括：喷嘴喷射出的高压水射流持续将土壤破碎、切削，然后在泥浆返浆的作用下，破碎和切削的土壤被带出地面，进而快速形成孔眼，之后在注入头的给进力作用下连续管沿孔眼不断下钻，从而完成钻进过程；当达到设计要求的钻进深度后，垂向的高压水射流通过投注的方式转换为水平方向的高压水射流；与此同时，药剂溶液作为水平方向高压注射过程中的水射流，通过干粉输送机和定量泵进行药剂的定量输送。连续管式原位注入设备示意图如

图 6-1 所示。

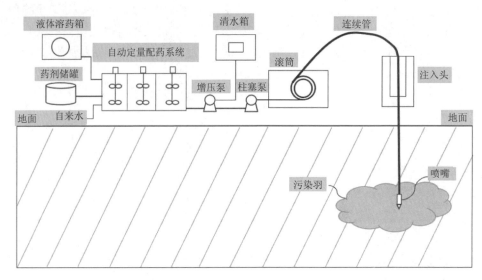

图 6-1 连续管式原位注入设备示意图

2. 设备钻进实验

设备各模块及系统参数设置等需在实验前进行检查。之后在水射流压力分别为 20 MPa、15 MPa、10 MPa、5 MPa 和 3 MPa 的条件下进行钻孔进入实验，如图 6-2 所示。基于工程施工安全性、药剂自身氧化能力强弱及应用便利性的通盘考虑，本实验分别将过硫酸盐和液碱作为氧化剂和活化剂，之后在连续管式原位注入装备的注射条件下修复被氯苯污染的地下水。最后，结合小试试验结果、现场施工投加便利性，拟将 1%(质量分数)定为过硫酸钠药剂投加比，并将 2∶1 定为药剂中过硫酸钠和 30%液碱的质量比。

图 6-2 设备钻进实验现场

3. 影响半径实验

(1)监测井建设。在注入点周围共设置 7 口深井和 1 口浅井。深井距地表距离设置为 16.50 m，浅井距地表距离设置为 8.50 m。采用 PVC 材质的割缝管作为井套管，口径设置为 80 mm。监测井与钻注孔距离设置为 0.5～2 m。具体井位布设见图 6-3。监测井施工成井孔径设置为 200 mm，采用锤击式桩机成井；成井后下入直径 80 mm 的硬聚氯乙烯(UPVC)割缝管，之后将 40 目不锈钢筛网包在割缝段外围；在割缝管与成井之间的环形孔隙填充石英砂和黏土，其中，从井底往上填充 2～4 m 的石英砂，再进行封井和洗井，最终完成监测井的施工建设。

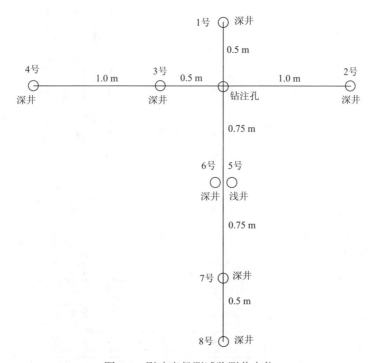

图 6-3　影响半径测试监测井点位

(2)示踪实验方法。在影响半径测试中采用溴化钠作为示踪剂。钻孔注入的深度设置为 16 m，溴化钠溶液的注射压力约为 20 MPa，注射速率约为 80 L/min，连续管向上的注射速度约为 0.10 m/min。之后将 37 kg 溴化钠与 3 t 清水溶配后注入实验区。由于实验区溴离子背景值经调查发现为 0，当某个点位在一定时间内可明显检测到溴离子时，则可将该点位确定在药剂影响半径之内。每次取样前先进行洗井工作，然后采用贝勒管进行取样。药剂注入后 4 h 进行第 1 次采样，注入后 12 h 进行第 2 次采样，注入后 24 h 进行第 3 次采样，共开展 3 次采样。在溴离子溶度检测前需进行仪器的标定，之后采用便携式多参数测量仪检测溴离子的浓度。检测完每个样品的溴离子浓度后，须用清洗仪器清洗探头，直到仪器读数稳定在 0 左右为止。

4. 连续管式原位注入工艺的运行

（1）注入点位布设。依据实验区水文地质条件及药剂影响半径实验（影响半径取 2 m），决定将长方形布点方式作为全覆盖污染区域的布点采样方式。设定为长 4 m 和宽 2 m 的长方形，在长方形的中心设置注入点，南-北行距设定为 1.50 m，东-西列距设定为 3.70 m，实验区共布设注入井深度为 16 m 的 64 个注入点。注入点位布设见图 6-4。

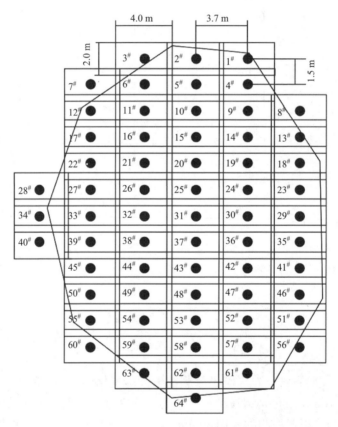

图 6-4　实验区原位注入点位布设

（2）单孔注入量。单孔药剂注入量的计算方法结合了区域内污染地下水总方量、药剂投加比、布点数量的计算。单个注入点需投加 365.60 kg 的过硫酸钠和 182.80 kg 的 30%液碱，之后将 100 L 水、4.57 kg 过硫酸钠、2.285 kg 30%液碱混合溶配后形成所需药剂。

（3）原位注入施工。按注入点序号从 1~64 进行原位药剂注入施工，原位药剂的注入方向为从西向东和从北向南。为了提高药剂的利用率和增强药剂的修复效果，本项目充分利用了实验区的水文地质特性。

5. 监测评估

实验结果表明，在水射流压力为 3 MPa、流量为 27 L/min 时，连续管式原位注入设备在实验区的钻进深度仍可达 20 m 以上，满足了本实验区钻进深度的需求。钻进测试数据详见表 6-1。基于前期设备性能测试实验，为了保证修复效果和加快药剂在饱和介质中的横向迁移扩散，将 20 MPa 作为连续管式原位注入设备的最大水射流压力，之后 80 L/min 的药剂在高压水射流作用下被横向注入。连续管向上的注射速度设定为 0.10 m/min。

表 6-1　设备钻进实验数据

实验序号	压力/MPa	流量/(L/min)	水射流理论喷速/(m/s)
1	20.09	79	200
2	15.21	69	174
3	9.83	56	140
4	4.98	40	100
5	3.12	33	77

1）影响半径分析

监测结果见图 6-5。溴离子均在 1~8 号监测井中被检出，说明实验区药剂影响半径可达 2 m。其中，药剂注入 4 h 后，3 号监测井（距离注入点 0.50 m）溴离子

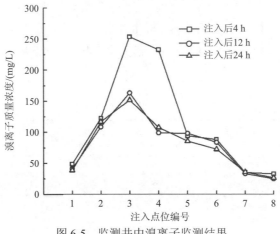

图 6-5　监测井中溴离子监测结果

检出浓度高达 253.60 mg/L，浓度最高；药剂注入 12 h 后，8 号监测井(距离注入点 2 m)的溴离子检出浓度为 24.90 mg/L，浓度最低。

2)药剂扩散趋势分析

对不同时间点实验区内溴离子的浓度变化采用双线性插值法进行了分析，以了解实验区内药剂的扩散趋势。如图 6-6 所示，实验区总体药剂扩散趋势为由北向南，但在南-北方向扩散缓慢；此外，实验区药剂更易于向东-西方向扩散，且在时间的推移下扩散趋势转变为由西向东。本场地的土壤类型在横向方向上具有各相同性，为较均质的粉黏土层，因此，在本实验场地中土壤类型的差异对药剂的扩散趋势影响较小，但地下水流向对其影响较大。

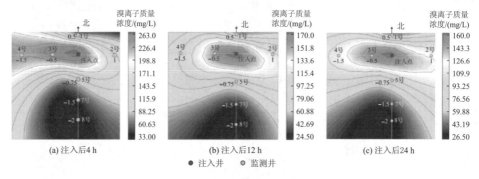

(a) 注入后 4 h　　　　　　　(b) 注入后 12 h　　　　　　　(c) 注入后 24 h

● 注入井　　■ 监测井

图 6-6　氧化药剂扩散趋势

本实验区域地下水流向为从东向西和从北向南。实验结果表明，药剂扩散趋势与本实验区域地下水流向趋于一致，尤其是东-西方向的地下水流向。先使用高压水射流垂向钻进清水，然后开展单个注入点的注入工作，注入深度设定为从地表以下 16 m，连续管向下的钻进速度设定为 0.50～2.00 m/min；采用高压水射流横向注入药剂溶液前先进行投注作业，注入深度设定为地表以下 16～2.10 m，部分注入点的工艺运行数据见表 6-2。每米注射 600 L 的药剂溶液，设定 20 MPa 的注射压力、80 L/min 的药剂溶液注射速率、0.10 m/min 的连续管向上运行速度。

表 6-2　部分点位工艺运行数据

注入点序号	钻进压力/MPa	钻进清水耗量/L	钻进时间/min	药剂注射压力/MPa	药剂溶液注入量/L	注入时间/min
1	20.93	795	10	20.90	8206	104
4	19.40	830	10	22.28	7860	97

注入点序号	钻进压力 /MPa	钻进清水耗量 /L	钻进时间 /min	药剂注射压力 /MPa	药剂溶液注入量 /L	注入时间 /min
7	13.69	748	11	21.14	8340	105
10	15.48	700	10	21.85	7820	95
13	9.11	660	12	22.84	8814	110
16	4.38	451	11	22.13	8592	106
19	4.49	546	14	18.59	8560	112
22	5.82	418	11	19.14	8092	101
25	5.31	468	12	21.81	8660	113
28	6.33	451	11	20.79	8506	107
31	4.66	520	13	21.02	7860	97
34	5.41	494	13	21.94	7798	94
37	4.88	533	13	19.22	8820	110
40	5.90	462	11	18.13	9112	128
43	6.14	560	14	21.64	8610	108
46	5.25	451	11	21.10	7614	94
49	3.90	588	14	20.06	8427	107
52	4.88	588	14	20.12	7800	100
55	7.00	507	13	21.50	7454	93
58	4.24	546	13	22.77	7300	90
61	4.38	574	14	21.91	9382	120
64	6.72	480	12	21.93	8018	99

实验区内共设有 1 号监测井和 2 号监测井,包括地表以下 14 m 的深井和地表以下 4 m 的浅井。药剂注入完成后,反应时间设定为 30 d,之后在工程监理人员监督下取水样进行检验,检验结果见表 6-3。目标污染物氯苯在两口监测井中的质量浓度均在修复目标值(400 μg/L)以下,说明取得了良好的修复效果。其中,目标污染物氯苯在浅井中的质量浓度为 1.30 μg/L,在深井中的质量浓度未达到检测限。

表 6-3　修复前后目标污染物质量浓度变化情况

监测井编号	井深/m	氯苯质量浓度/(μg/L)	
		修复前最高值	修复后最高值
1	14.00	1200	未检出
2	4.00	950	1.30

注:修复目标值 400 μg/L。

6.1.5 小结

(1)在本实验条件下,连续管式原位注入技术的药剂影响半径可达 2.00 m。药剂扩散方向与实验区地下水流向趋于一致,扩散趋势主要受地下水流向影响。

(2)氯苯污染地下水经连续管式原位注入化学氧化技术修复 30 d 后,实验区氯苯质量浓度均低于 400 μg/L 的修复目标值,进一步说明了实验区地层中注入药剂的有效影响半径达到了 2.00 m。

6.2　上海某钢材剪切厂遗留场地

6.2.1　场地概况

本研究以上海市某钢材剪切厂石油烃和苯并(a)芘污染地块为案例,工程修复方案由宝武集团环境资源科技有限公司完成,采用生石灰活化-过硫酸盐氧化的异位化学氧化技术(邢绍文等,2022)。经检测,场地内存在机油泄漏导致的苯并(n)芘与石油烃等污染。依据历史情况,污染场地主要包括生产区(钢材剪切区和货物流转区)和非生产区(图 6-7)。

图 6-7　污染场地平面布置

6.2.2　生产历史

上海市某钢材剪切厂遗留场地原先生产活动主要是金属剪切加工，类属《上海市经营性用地和工业用地全生命周期管理土壤环境保护管理办法》（沪环保防〔2016〕226 号）中的疑似污染场地。

6.2.3　水文地质调查及风险评估

1. 水文地质调查

污染地块范围内的土壤分层主要为杂填土、粉质黏土和淤泥质粉质黏土。根据《场地环境调查技术导则》（HJ 25.1—2014）要求，采用系统布点法结合专业判断法进行布点采样。首先在生产区内设置 20 个初步调查点位，每个点位分别在表层、地下水位界面处和地下水位以下采集 3 个深度的样品，并在深度最深的 6 个初步点位采集了 6 个平行样和在 3 个深度的初步点位采集了平行样；另外， 20 个加密调查点位也被设置到初步点位，每个点位分别在表层和地下水位界面处采集了 2 个深度的样品。对于非生产区，内部仅设置 9 个初步调查点位，每个点位分别在表层、地下水位界面处和地下水位以下采集 3 个深度的样品。调查点位布设见图 6-8。

2. 风险评估

鉴于该污染场地未来规划为住宅用地类型，类属《土壤环境质量　建设用地土壤污染风险管控标准（试行）》（GB 36600—2018）中的第一类用地。污染地块内的暴露受体包括建筑工人和居民，暴露途径有 4 种，分别为经口摄入土壤、皮肤接触土壤、吸入土壤颗粒物、吸入室外空气中来自表层土壤的气态污染物。由于长期暴露于苯并(a)芘有致癌的可能，居民为长期暴露而建筑工人暴露时间较短，因此考虑了石油烃对居民和建筑工人的非致癌风险、苯并(a)芘对建筑工人的非致癌风险及苯并(a)芘对居民的致癌风险和非致癌风险。依据《污染场地风险评估技术导则》（HJ 25.3—2014）和《上海市污染场地风险评估技术规范》反算污染物的风险控制值。计算过程中，单一污染物可接受致癌风险采用 10^{-6}，非致癌风险的可接受危害商采用 1。同时，参考 GB 36600—2018 中的第一类用地的筛选值和管制值，选择最严格的值作为污染场地的风险控制值。因此，最终确定苯并(a)芘、石油烃的风险控制值分别为 0.55 mg/kg、826 mg/kg。

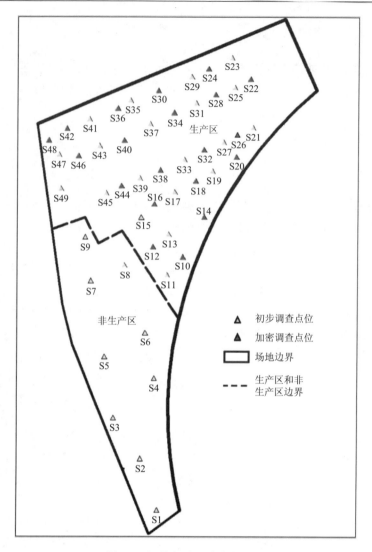

图 6-8　污染场地调查点位布设

6.2.4　施工设计及监测评估

1. 修复工程量确定

准确判断污染物浓度超过风险控制值的区域是确定修复工程量的关键，而修复工程量是影响修复成本的关键参数。在场地污染状况调查过程中未发现非生产区具有超过风险控制值的污染物，生产区也仅在 S14 和 S15 点位的表层发现石油烃和苯并(a)芘超过风险控制值，质量浓度分别为 2041 mg/kg、0.81 mg/kg。为了更加精准地确定修复工程量，在污染物超标点位周围进行了加密详细调查，即在 S14 和 S15 点位周围又加设了 8 个详细调查点位(TR1～TR8)，每个点位分别在表层和地下水位界面处采集了 2 个深度的样品，结果未发现污染物浓度超过风险控制值。结合两阶段场地污染状况调查数据，对场地污染物浓度的空间分布进行模拟，同时考虑污染物的风险控制值和现场施工机械的施工可行性，对修复范围进行裁弯取直后确定了修复边界(图 6-9)，S14 点位附近石油烃污染的场地面积为 509 m^2，S15 点位附近苯并(a)芘污染的场地面积为 856 m^2。鉴于场地内超标污染物仅在表层(0～0.2 m)检出，并且从总体上来看，污染物浓度垂向分布呈现随深度增加而减小的趋势，最终保守确定将修复深度延伸至 1 m，以此为依据计算的总修复工程量为 1365 m^3。

图 6-9　污染场地修复边界

2. 氧化剂和活化剂确定

为了兼顾修复成本和修复效率，本研究采用价格低廉的生石灰进行碱活化过硫酸盐来生成超氧化氢自由基中间体，超氧化氢自由基中间体继续与过硫酸根反应生成具有更强氧化性的硫酸根自由基。基于以上考虑，本研究采用过硫酸钠和生石灰作为异位化学氧化修复工程的氧化剂和活化剂。

2017 年上海市静安区实施异位化学氧化修复工程的某场地，通过采用质量分数为 1.5%的过硫酸钠和 1.5%的生石灰作为氧化剂和活化剂，取得了良好的修复效果(表 6-4)。本研究场地与 2017 年上海市静安区某场地的特征具有相似性(表 6-5)，因此本研究将 2017 年上海市静安区某场地作为参考的案例场地。此外，还采用本研究场地的土壤样品进行了室内小试试验。分别取 200 g S14 点位附近的石油烃污染土壤和 S15 点位附近的苯并(a)芘污染土壤，在清除杂质后粉碎至粒径约 1 cm，并于室温下干燥 48 h，最后将干燥后的土壤样品进行过筛(2 mm)处理，取筛下土备用。分别对两种目标污染物设置 3 个实验组，将每个实验组的土壤样品质量设置为 50 g，之后通过四分法混合均匀后放置于烧杯中。第 1 组的过硫酸钠和生石灰质量分数均设置为 1.0%，第 2 组的过硫酸钠和生石灰质量分数均设置为 1.5%，第 3 组的过硫酸钠和生石灰质量分数设置为 2.0%，然后加 20 mL去离子水于其中搅拌至匀浆状，密封养护 120 h。最后参照《土壤和沉积物　多环芳烃的测定　高效液相色谱法》(HJ 784—2016)和《危险废物鉴别标准　毒性物质含量鉴别》(GB 5085.6—2007)来检测苯并(a)芘和石油烃含量，检测结果见表 6-6。

表 6-4　2017 年上海市静安区某场地两个区域的修复效果

区域	修复深度/m	目标污染物	修复前最大质量浓度/(mg/kg)	风险控制值/(mg/kg)	修复后最大质量浓度/(mg/kg)
1	2	苯并(a)芘	1.6	0.4	0.27
2	1	石油烃	2564	976	368

表 6-5　场地特征对比

特征参数		上海市静安区某场地	本研究场地
修复深度/m		0~2	0~1
土壤质地		杂填土，主要成分为粉质黏土	由杂填土、粉质黏土、淤泥质粉质黏土组成
土壤含水率/%		24.1	23.2
污染状况	苯并(a)芘最大值/(mg/kg)	1.6	0.81
	石油烃最大值/(mg/kg)	2564	2041
风险控制值	苯并(a)芘/(mg/kg)	0.4	0.55
	石油烃/(mg/kg)	976	826
修复技术		异位化学氧化	异位化学氧化

表 6-6　实验室小试检测结果

目标污染物	实验组	质量浓度/(mg/kg)	去除率/%
石油烃	第 1 组	908	55.51
	第 2 组	675	66.93
	第 3 组	310	84.81

续表

目标污染物	实验组	质量浓度/(mg/kg)	去除率/%
	第 1 组	0.53	34.57
苯并(a)芘	第 2 组	0.35	56.79
	第 3 组	0.30	62.96

由表 6-6 检测结果可见，当过硫酸钠和生石灰质量分数均为 1.5%，第 2 组的石油烃和苯并(a)芘的浓度都低于风险控制值，去除率分别为 66.93%、56.79%，结果与案例场地保持一致。参考案例场地和室内小试试验结果后，将过硫酸钠氧化剂和生石灰活化剂的用量初定为 1.5%。在修复过程中，应根据实际情况适当调整氧化剂和活化剂的用量，总体而言，控制在 1.0%～1.5%，因此应加强对污染物浓度的检测。最后经检测，修复后的土壤中石油烃和苯并(a)芘质量浓度均低于风险控制值(分别降至 100 mg/kg、0.05 mg/kg 以下)，满足修复要求，证明本研究采用的修复方案是切实可行的。

6.2.5　小结

(1)采用异位化学氧化技术对上海市某钢材剪切厂遗留场地土壤进行修复。结合已有案例成果和室内小试试验，确定了以过硫酸钠和生石灰分别作为氧化剂和活化剂的修复方案，根据修复工程现场实际情况，用量控制在 1.0%～1.5%质量分数范围内。

(2)修复前石油烃和苯并(a)芘的最大质量浓度分别为 2041 mg/kg、0.81 mg/kg，修复后浓度分别低于 826 mg/kg、0.55 mg/kg 的修复目标，其他有机物也达到 GB 36600—2018 所规定的标准，满足了修复要求。

6.3　江苏某化工企业石油烃污染地块

6.3.1　场地概况

本研究以江苏某化工企业石油烃类污染地块为案例，工程修复由某跨国环境工程咨询公司实施，采用汽提和原位化学氧化技术进行修复(桂时乔等，2013)。该化工企业历史上曾发生油类泄漏事故，厂区部分区域的土壤和地下水经检测发现具有高浓度的总石油烃(TPH)和明显的轻质非水相液体(LNAPL)污染物。考虑到遗留地块实际地下水的污染情况和成本的节约，企业采用既可以去除地下水中 TPH 又可以去除 LNAPL 的汽提和高级氧化(ISCO)联合修复技术对污染地块进行了修复。修复工期约为一年(2009 年 12 月～2010 年 12 月)。

6.3.2　生产历史

2007 年 5 月，在该厂的锅炉房 1 根从柴油储罐到柴油锅炉的油管道发生了破裂，并于 2007 年 6 月挖出后进行了更换。在挖出和更换管道过程中发现附近的土壤和地下水都受到了不同程度的柴油污染。

6.3.3　水文地质调查

根据现场钻孔情况，污染地块的地质情况从上到下主要为填土层和粉质黏土层。

(1)填土：0～1.6 m，包含粉质黏土，灰褐色，潮湿—饱水。

(2)粉质黏土：1.6～4.0 m，褐色，饱水，软，中塑。

污染地块出露地下水类型属于孔隙潜水，初见水位距地面以下 0.39～0.80 m，稳定水位距地面以下 1.4～1.6 m。区域内地下水流向为从东北至西南方向，现场水力坡度大致为 4‰。

现场污染范围如下。

(1)LNAPL 区域：发生泄漏的管道周围包含 LNAPL 区域，位于地下水初见水位以上，厚度为 10～40 cm，污染羽面积约为 50 m^2。LNAPL 污染范围见图 6-10。

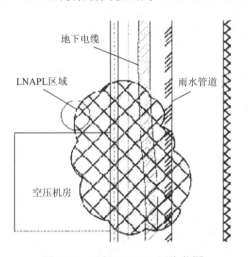

图 6-10　现场 LNAPL 污染范围

(2)地下水 TPH 超标区域：泄漏的柴油进入地下水，通过淋溶和侧向迁移作用使污染进一步扩散。地下水中 TPH 质量浓度超出荷兰标准干预值(600 μg/L)的面积约 200 m^2，见图 6-11。

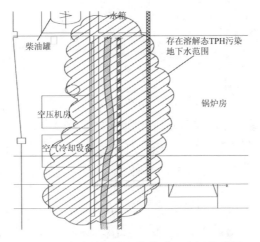

图 6-11　存在溶解态污染物地下水污染范围

6.3.4　施工设计及监测评估

1. 汽提技术

汽提泵已经越来越被广泛应用于污水处理中。自制的汽提泵利用压缩空气作为动力来处理缠绕和堵塞等问题，并通过大流道来提升污水治理的效果。此次修复技术原理类同汽提泵，通过空气和水/LNAPL 的密度差来收集并处理 LNAPL。此次修复技术采用直径 10 mm 的 PVC 管作为汽提管和 4 mm 的软管作为压缩空气供气管，并使用厂区的压缩空气作为动力源。在操作过程中将汽提装置直接插入 ISCO 系统的注射管中，之后调节压缩空气的供气量及气压和汽提管的插入深度。汽提装置示意图见图 6-12。

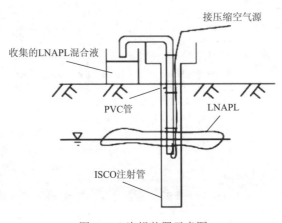

图 6-12　汽提装置示意图

2. 原位化学氧化技术

原位化学氧化是一种利用强氧化剂来去除地下水、沉积物和土壤中的有机污染物的环境友好型修复技术。具有代表性的氧化剂包括过氧化氢、过硫酸盐、臭氧和高锰酸钾等。氧化剂被活化产生的活性氧物种能将许多有机污染物完全矿化成二氧化碳和水；或者促进一些易生物降解中间产物的生成，通过后续的生物修复对其进行生物降解。考虑到土壤中含有足够的亚铁离子，本项目仅注入了体积分数为8%的过氧化氢和体积分数为5%的硫酸。

本项目的原位化学氧化系统包括注入管和注入系统两部分。鉴于Fenton试剂在反应过程中会产生一定的热量，并对普通材料产生一定的腐蚀性，因此，本项目采用直径为25 mm的注入管为不锈钢材质。首先在污染区域内打孔，然后通过钻井设施将不锈钢材质的注入管埋于污染区域，注入管底部埋深距地表4 m左右，注入管间距为2 m左右，影响半径在3 m左右。本项目的注入系统包括气动隔膜泵、硫酸注入罐、双氧水注入罐、双氧水浓液罐和相关的管道、电气及仪表系统。原位化学氧化系统示意图见图6-13。

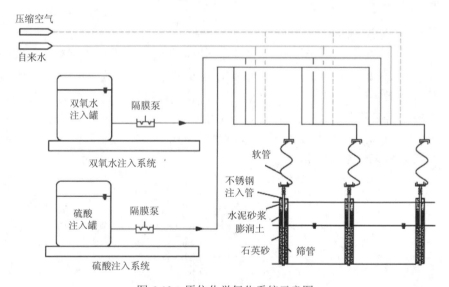

图6-13　原位化学氧化系统示意图

注入硫酸和过氧化氢之前，先用自来水调试注压并清洗注入管道；然后通过注入压缩空气来提升Fenton试剂在污染区域的扩散效果。压缩空气的注压在实际操作中控制在300 kPa左右，自来水、硫酸和过氧化氢的注压则控制在100 kPa左右。

原位化学氧化系统主要单元设计参数为①双氧水注入罐：$V = 250$ L，$D =$

600 mm，$H = 1000$ mm；②硫酸注入罐：$V = 250$ L，$D = 600$ mm，$H = 1000$ mm；③隔膜泵：$Q = 1\ m^3/h$，$H = 20$ m。

3. 监测评估

本项目注入气体的气压控制在 4 kPa 左右，汽提管的插入深度控制在距地面 1 m 左右。在 LNAPL 区域的 5 个注射管中开展了 30 d 一轮的抽提，每天早晚各抽提 1 次，每次抽提 20～40 min(根据现场的观察结果决定具体的抽提时间)。累积的 LNAPL 去除量见图 6-14。注入井中的 LNAPL 在汽提前厚度为 50～300 mm，注射管中的 LNAPL 在汽提后的厚度小于 10 mm。

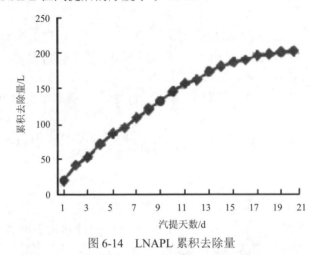

图 6-14　LNAPL 累积去除量

本项目共开展了 2 轮的药剂注入，每轮的注入间隔时间为 60 d，每轮的注入时间为 20 d。第 1 轮注入了 10 000 L 体积分数为 5%的硫酸和 22 000 L 体积分数为 8%的过氧化氢；第 2 轮注入了 15 000 L 体积分数为 5%的硫酸和 38 000 L 体积分数为 8%的过氧化氢。在注入药剂前后选取了 5 个注入管进行采样分析，采样结果见表 6-7。

表 6-7　药剂注入前后质量浓度变化　　　　　(单位：μg/L)

采样点	$\rho(TPH)$		
	第 1 次注入前	第 1 次注入后 10 d	第 2 次注入后 10 d
1#	3667	3245	1635
5#	4337	4567	2678
15#	8912	1 1234	3789
16#	7343	8234	3678
23#	2456	3457	2536

　　从图 6-14 中可以看出汽提系统对去除 LNAPL 起到了不错的效果。在汽提系统处理的 20 d 中，平均每天 LNAPL 的去除量为 10.2 L，累积 LNAPL 的去除量为 204 L。污染区域注入管中的 LNAPL 厚度经过汽提系统的处理后明显降低。从表 6-7 中可以看出，注入大量自来水和药剂后，土壤中的 TPH 解吸导致地下水中 TPH 浓度的升高，第 1 次注入反应后各监测井中的 TPH 浓度具有回升趋势。经过 2 次注入反应后，除注射井 23# 外的地下水样中 TPH 浓度明显降低，降低幅度在 38%～57%。然而，原本吸附于土壤中的污染物的解吸或者原本在地下水中的污染物的迁移可能导致了注射井 23# 中 TPH 的升高。

6.3.5　小结

　　(1) 汽提系统对去除 LNAPL 起到了不错的效果。在汽提系统处理的 20 d 中，平均每天 LNAPL 的去除量为 10.2 L，累积 LNAPL 的去除量为 204 L。

　　(2) 设备运行管理方便，节省投资成本。

　　(3) 设备安装简单，建造周期短，绿化效果良好，有着巨大的市场应用前景。

6.4　华北地区某地石油烃污染土壤地块

6.4.1　场地概况

　　本研究以华北地区某地石油烃污染土壤地块为案例，工程修复采用化学氧化技术进行应急处置修复，目标为在短期内消除场地内土壤的石油烃污染，削弱石油烃污染对人体健康和周边环境造成的潜在风险(王建功等，2022)。位于华北地区某处居民区曾发生突发性油类废物倾倒事件，导致了突发性土壤石油烃污染事件。依据场地环境详细调查报告，地块内的实验区存在土壤石油烃污染，石油烃最高浓度在 2271 mg/kg 左右，高出周边土壤背景值 20～40 倍，污染深度为 0～1.50 m；石油烃最低浓度低于 250 mg/kg，污染深度为 1.50 m 以下。本项目修复目标值为 826 mg/kg，修复面积为 100 m²，修复土方量为 150 m³。

6.4.2　生产历史

　　华北地区某地石油烃污染场地地块用地类型属于居住用地，本次污染属于突发性土壤石油烃污染事件。

6.4.3　水文地质调查

　　根据前期及钻探所揭示的地基土岩性分布、室内渗透试验结果及场地地下水测量情况综合分析，本场地包气带厚度为 0.73～0.95 m，分为 4 个大层及其亚层，分别由人工填土层(杂填土和素填土),其下至埋深约 5.00 m 段的素填土、黏土、粉土及粉质黏土组成。地下水主要由大气降水及基岩径流补给。地下水出露含水层为潜水含水层(未穿透)。

6.4.4　施工设计及监测评估

1. 小试试验

在修复项目开展前,为了验证工程实施的技术可行性,首先开展了小试试验。在本试验中,为了探究氧化剂和活化剂用量对土壤中石油烃修复效果的影响,将过硫酸钠($Na_2S_2O_8$)氧化剂设置为 1%和 2%(质量分数)两个浓度,将氢氧化钠(NaOH)活化剂设置为 10%和 20%(质量分数)两个浓度。试验组和对照组分别为污染场地土壤样品和周边背景土壤样品,其中设置了 3 个土壤深度(0~0.5 m、0.5~1.0 m、1.0~1.5 m)的污染土壤,设置了 2 个土壤深度(0~0.5 m、0.5~1.0 m)的周边背景土壤样品。在试验过程中土壤样品被充分混匀后称取 200 g,然后将土壤的含水率用蒸馏水调节至 40%,对照组周边背景土壤也调整至 40%的含水率。将不同浓度的氧化剂和活化剂与土壤搅拌均匀后置于 30℃的培养箱中培养 14 d,最后检测收集样品中的石油烃浓度。依据《土壤和沉积物　石油烃(C_{10}—C_{40})的气相色谱法》(HJ 1021—2019)来测定石油烃的浓度。

2. 关键设备

本工程采用芬兰阿鲁(ALLU)筛分破碎铲斗作为土壤筛分、破碎和药剂混合设备,将土壤中建筑垃圾破碎预处理后增强土壤与药剂的混合,促进污染物与氧化剂反应,进一步完成工序复杂的土壤筛分破碎工作。修复工程中,使用 ALLU 筛分破碎铲斗对污染土壤进行筛选预处理,先是将土壤中的石块、建筑垃圾等筛选并移除,然后破碎固结土壤。ALLU 设备处理后保证了土壤的均质性,在铲斗中土壤移动性强且不易阻塞,减少了安全风险,保证了处理效率。该设备处理能力为 50~70 m^3/h,每天工作时间不超过 8 h,满足本项目施工生产要求。

3. 污染土壤临时存储情况

经过 ALLU 筛分破碎铲斗处理后的土壤,依据小试试验结果,需要完成 14 d 的化学氧化反应,以达到修复目标。在此过程中,设置了土壤临时存储区域,并对区域地面进行硬化处理,防止污染物继续向储存区域的土壤及地下水迁移,避免石油烃的二次污染。同时,还需维持氧化反应环境的相对稳定,以及避免扬尘。

4. 修复效果调查

在本修复项目的验收中，基坑底部采用系统布点法进行样品采样。侧壁采用垂向分层采样(基坑深度超过 1 m)，共采集 2 个基坑底部样品、4 个基坑侧壁样品。土壤在回填前按照堆体模式开展修复效果评价，土壤样品在已修复的土壤堆体中采集，采集后检测其剩余石油烃含量，共采集 2 个样品。

5. 小试试验结果

不同处理中表层土壤(深度 0～0.5 m)的石油烃浓度如图 6-15 所示，污染土壤中的石油烃浓度是背景土壤浓度(95 mg/kg)的 23.9 倍，为 2271 mg/kg。在待修复土壤中添加氧化剂和活化剂后，除 1%氧化剂+10%活化剂处理外的 3 个处理均可使土壤中的石油烃浓度降低到筛选值以下，石油烃浓度在 2%氧化剂+10%活化剂的处理组中最低，为 633.6 mg/kg，相比对照组下降了 72.1%，同时，在背景土壤中添加此比例氧化剂和活化剂后，石油烃浓度同样低于其他处理组。

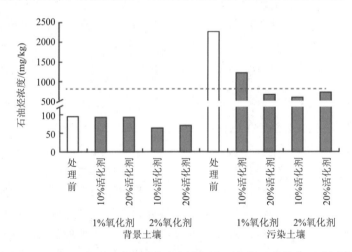

图 6-15　在 0～0.5 m 深度土层中不同浓度氧化剂和活化剂对土壤中石油烃浓度的影响

虚线表示修复目标值 826 mg/kg

如图 6-16 所示，在 0.5～1.0 m 深度土层中，污染土壤中的石油烃浓度较表层土壤降低了 48.2%，为 1176 mg/kg，但石油烃浓度仍高于筛选值，且为周边对照土壤浓度的 16.6 倍。此层土壤中的石油烃浓度在添加不同浓度氧化剂和活化剂后，均降低了 90%以上。其中，土壤中的石油烃浓度在 2%氧化剂+10%活化剂的处理后低于背景土壤中的浓度，降低至 62.1 mg/kg。另外，周边背景土壤中的石油烃浓度在 2%氧化剂+10%活化剂处理后，依然低于其他处理组，为 48.4 mg/kg。

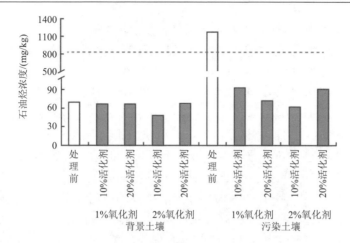

图 6-16　在 0.5～1.0 m 深度土层中不同浓度氧化剂和活化剂对土壤中石油烃浓度的影响

虚线表示修复目标值 826 mg/kg

如图 6-17 所示，石油烃浓度在污染场地内 1.0～1.5 m 深度的土壤中为 225.4 mg/kg，污染场地内石油烃浓度在添加不同浓度氧化剂和活化剂后，进一步下降至 100 mg/kg 以下，并在 2%氧化剂+10%活化剂的处理后达到最低，仅为 54 mg/kg。

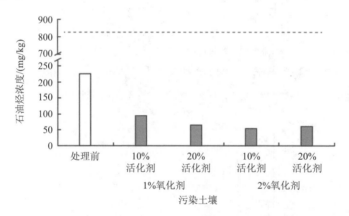

图 6-17　在 1.0～1.5 m 深度土层中不同浓度氧化剂和活化剂对土壤中石油烃浓度的影响

虚线表示修复目标值 826 mg/kg

通过添加氧化剂 $Na_2S_2O_8$ 和活化剂 NaOH 可有效降低不同深度土壤中的石油烃浓度，但不同添加比例的降解效果存在差异。在 1%氧化剂添加量处理中，随着活化剂用量的增加，修复效果提高。同时也证明了 $Na_2S_2O_8$ 在修复石油烃污染土壤中的主要作用，这归因于氧化性自由基 $SO_4^-\cdot$ 和 $\cdot OH$ 的大量产生。然而，对于 2%氧化剂添加量的处理，过量活化剂的使用反而降低了氧化剂的修复效果，这表明过高的碱性条件会抑制氧化剂对石油烃的去除作用。有研究表明，在实际的修复工程中使用过多的 NaOH 活化剂容易导致二次污染。

研究结果表明，在 3 个土壤深度中通过 2%氧化剂+10%活化剂的处理能够表现出稳定和高效的修复效果，周边背景土壤对照组中的修复结果也与之相当。1.5 m 深度土壤的石油烃浓度在添加 2%氧化剂+10%活化剂处理后，可降低至目标值以下，在石油烃污染严重的表层土壤中的修复效果尤为显著，这是由于化学氧化技术在修复黏土方面更易发挥优势。另外，土壤中硫酸根离子浓度和土壤 pH 势必会在添加氧化剂 $Na_2S_2O_8$ 后发生增加和下降，但适量的 NaOH 除了可将土壤调节至中性或弱碱性外，还可以有效降低硫酸根的腐蚀性。因此，在修复石油烃污染土壤过程中，土壤 pH 对修复效果起着重要的作用。基于上述结果，本工程建议的参数为：投加 2%的 $Na_2S_2O_8$ 氧化剂和 10%的 NaOH 活化剂，保持养护时间在 14 d 以上，使土壤含水率维持在 40%左右。

6. 监测评估

对本次开展的石油烃污染土壤工程修复结果进行了监测评估，如图 6-18 所示。首先，土壤中的石油烃浓度在基坑侧壁(KC1、KC2、KC3、KC4)和基坑底部(KD1 和 KD2)低于筛选值，为 139～311 mg/kg；在修复后的回填土壤(D1 和 D2)中较修复前的表层土石油烃含量(1500 mg/kg)下降了 89.7%左右，最高为 154 mg/kg，远低于修复目标值 826 mg/kg，修复效果明显。此结果很好地吻合了小试试验结果，表明了以过硫酸盐为氧化剂的化学氧化技术在复杂环境中展现的优越性。本项目在监测效果评估的检测结果中样品合格率达 100%，修复后土壤中的石油烃浓度符合 GB 36600—2018 中第一类用地土壤筛选值，符合验收标准。

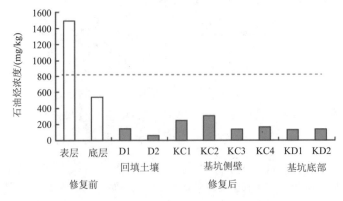

图 6-18　异位化学氧化修复对污染土壤中石油烃浓度的影响

虚线表示修复目标值 826 mg/kg

6.4.5　小结

(1) 以过硫酸钠为氧化剂的化学氧化技术对石油烃污染土壤的修复效果良好，修复工期短，可为类似石油烃污染场地的应急修复处置提供参考。

(2) 本修复项目对石油烃污染土壤修复后，监测结果表明，修复后土壤中石油烃浓度下降至 154 mg/kg，远低于修复目标值 826 mg/kg。

(3) 本修复项目最佳参数：投加 2% 的 $Na_2S_2O_8$ 氧化剂和 10% 的 NaOH 活化剂，保持养护时间在 14 d 以上，使土壤含水率维持在 40% 左右。

6.5　华东地区某化工厂石油烃污染地下水地块

6.5.1　场地概况

本研究以华东地区某化工厂石油烃污染地下水地块为案例，工程修复由江苏大地益源环境修复有限公司实施，采用水平修复井技术协同碱活化的过硫酸钠注入修复技术，目标为在短期内消除场地内地下水中的石油烃污染，削弱石油烃污染对人体健康和周边环境造成的潜在风险(黄旋等，2022)。华东地区某化工厂始建于 20 世纪 50 年代，本项目对场地道路范围内的石油烃污染地下水进行了修复。作为主干道的道路，其周围包括新建的居民区、商业区、公园等。鉴于下方管线的复杂性和人员活动的密集程度，本项目采用了非破坏性的水平井结合化学氧化技术对石油烃污染地下水进行了修复。石油烃最高浓度为 9.41 mg/L，本项目修复目标值为 0.60 mg/L。

6.5.2　生产历史

华东地区某化工厂作为大型化工生产基地，生产历史为有机中间体、橡胶助剂和氯碱。2007 年停运，之后于 2010 年被拆除。

6.5.3　水文地质调查

根据前期及钻探所揭示的地基土岩性分布、室内渗透试验结果及场地地下水测量情况综合分析，本场地主要分布素填土和粉质黏土层，地下水污染深度为地表 6 m 以下。地下水主要由大气降水及基岩径流补给。地下水出露含水层为潜水含水层(未穿透)，其渗透系数为 5×10^{-4} cm/s。

6.5.4　施工设计及监测评估

1. 井管布置设计

井管布置按照 4 m 的有效修复半径，3～5 个月的药剂注射及修复运行期来设计，同时预留相应的影响半径重叠区域。考虑到地下水污染厚度不大，因此布设井间距为 4～8 m 的单层水平井，井管平均埋深为 4 m，布置在地下水污染层的中间位置。共布设 8 口水平修复井，井管沿道路横向布设。水平修复井平面布置如图 6-19（a）所示。

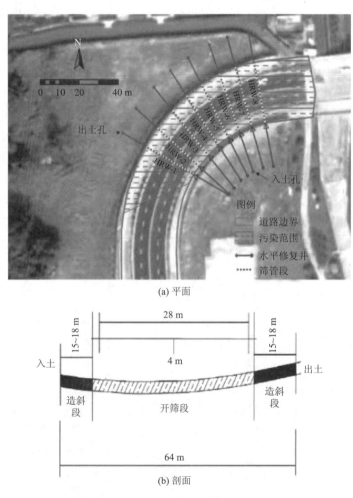

(a) 平面

(b) 剖面

图 6-19　水平修复井平面布置及剖面图

2. 钻孔方式及入/出土孔设计

鉴于道路两侧均有可供使用的空地，因此选择布置双头井，即在道路东南侧设置入土孔，在道路西北侧设置出土孔。设置长度 28 m、造斜段 36 m 的目标污染区域。合计穿越曲线长度约为 64 m，钻孔孔径设置为 130 mm，结构形式如图 6-19(b) 所示。

3. 井管设计及药剂选择

鉴于穿越段较长的因素，采用了预制的柔性高密度聚乙烯(HDPE)管。综合考虑药剂注入流量、抗拉强度等因素后管径选用 75 mm。筛管段设置在污染区域，筛管外安装防止堵塞的土工滤网和钢缠丝。筛管通过钻孔方式布孔，参数为 10 cm 的孔距，2.5 mm 的孔径，为了保证流量及管材结构性能，采用三面开孔。鉴于过硫酸盐有氧化性强、易溶于水、稳定性好、易运输和储存等优点，并且在石油烃类污染物去除方面有优异的效果，因此本项目的氧化药剂选择碱活化的过硫酸盐。

4. 数值模拟论证

将水平修复井、边界条件和模型参数设置为和实际情况保持一致，并且假定地层为均质、饱和状态。假设在地下水中石油烃污染分布均匀，监测最大浓度设置为 9 mg/L，对碱活化的过硫酸钠氧化药剂设置为 120 g/L 的注入浓度。几何模型的设置如图 6-20 所示。

以 7 d 和 100 d 的污染物分布为研究对象，水平截面和垂向截面污染物浓度分布如图 6-21 和图 6-22 所示。结果表明，水平修复井附近污染物浓度在第 7 天时明显减小，污染物浓度在 100 d 时均低于 0.6 mg/L，说明设计的布井方式合理，能够在工期内达到修复目标。

5. 修复施工

依据设计方案，对水平修复井进行安装、洗井和注射修复药剂，具体施工流程包括：入土和出土点的定位→水平定向钻进、扩孔→预制井管回拖→洗井→药剂注射。将氢氧化钠和过硫酸钠配制成 4∶10、过硫酸钠浓度为 120 g/L 的溶液。设置 300 kPa 的注射压力和 15～30 L/min 的注射流量。每口井单次注射时间设定为 30 min，完成后换至下一口，依次循环。每口井的累计注射时间为 3～5 h，并在 7 d 内注射完成。

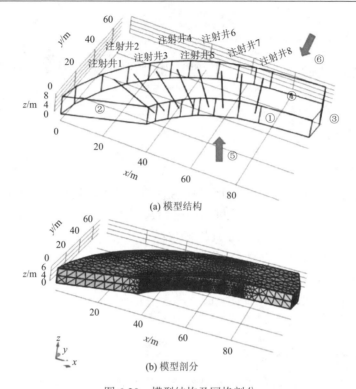

(a) 模型结构

(b) 模型剖分

图 6-20　模型结构及网格剖分

图(a)中①～⑥表示 6 个监测地下水中石油烃浓度的监测点位

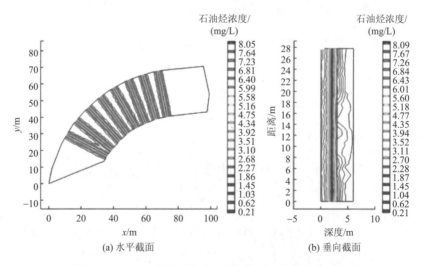

(a) 水平截面

(b) 垂向截面

图 6-21　T=7 d 时水平截面及垂向截面污染物浓度分布

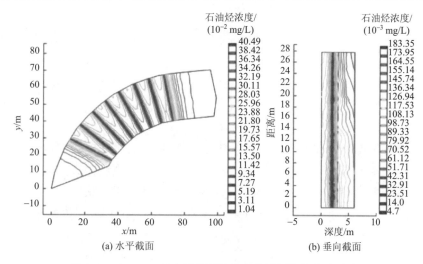

图 6-22　$T=100\,\mathrm{d}$ 时水平截面及垂向截面污染物浓度分布

6. 监测评估

本项目布置了 5 口监测井，编号为 GMW-1～GMW-5，其中 GMW-1 为对照井，GMW-2～GMW-5 为运行监测井，采样监测的时间分别设定为 0 d、7 d、20 d、50 d、100 d、200 d。监测井内石油烃浓度变化曲线及总体降解率如图 6-23 所示。结果表明：①在 0～20 d，运行监测井 GMW-2～GMW-5 中石油烃浓度降解较快，随后降解速度缓慢降低；②在 50 d 时，石油烃浓度均降至 1 mg/L 以下，污染浓度在 60～70 d 时降低至 0.6 mg/L 的修复目标值；③在目标工期 100 d 内可达到修复目标值，且降解率可达到 96.47%以上，因此对石油烃污染地下水修复效果显著，基本符合数值模拟预测的结果。

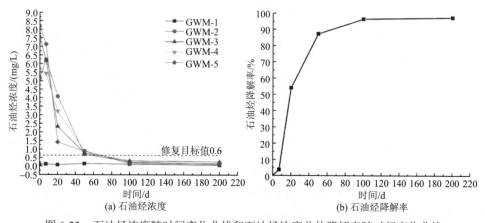

图 6-23　石油烃浓度随时间变化曲线和石油烃浓度总体降解率随时间变化曲线

6.5.5 小结

（1）本项目对华东地区某化工厂石油烃污染地下水地块进行了示范应用。采用了水平修复井技术协同碱活化过硫酸钠的化学氧化技术进行了精准修复，修复后的石油烃浓度降低了96.47%以上，并且在工期100 d内达到了修复目标和预期效果。

（2）水平修复井技术利用成熟的水平定向钻进技术，可实现修复井管的精准布设，同时可结合高级氧化技术等众多新技术对场地污染物进行精准修复。水平修复井技术有诸多优势，即不影响企业和居民正常生活及工作秩序，与地下水中污染羽有更大的接触面积，具有良好的修复效果、更短的修复时间和精准的修复方向。

参 考 文 献

桂时乔, 马烈, 张芝兰, 等. 2013. 石油烃类污染地下水的汽提和原位化学氧化修复. 环境科技, 26(3): 48-50.

黄旋, 郭宝蔓, 顾爱良, 等. 2022. 污染场地水平修复井技术的研究进展及应用实践. 环境工程, 40(9): 262-269.

沈宗泽, 王祺, 阎思诺, 等. 2022. 连续管式原位注入化学氧化技术对某有机污染场地地下水的修复效果. 环境工程学报, 16(1): 93-100.

王建功, 李阳, 韩檬, 等. 2022. 石油烃污染土壤应急处置修复工程实例. 环境卫生工程, 30(4): 64-73.

邢绍文, 李云, 吴劲松. 2022. 上海市某污染场地土壤异位化学氧化修复方案设计. 环境污染与防治, 44(3): 381-385.

第7章 结 语

本书对污染场地高级氧化技术进行了全面总结，内容涵盖高级氧化技术研究概况、应用于场地污染土壤及地下水修复中的发展现状、修复机理及其研究进展、技术系统设计、施工工艺、性能监测、评价与维护等方面，并参考国内外若干工程案例，对高级氧化技术在污染场地土壤和地下水修复中的应用情况进行了系统分析，以期为我国污染场地高级氧化修复技术应用实践提供参考。

高级氧化技术在欧美等发达国家已有普遍研究，并已将研究与实际工程相结合，逐步实现商业化发展。而在我国包括高级氧化技术在内的多种污染场地修复技术的研究及应用起步较晚，目前仍处于技术开发和推广阶段。与热脱附、抽出处理等为代表的传统土壤和地下水修复技术相比，高级氧化技术是一种高效、快速的绿色低碳修复技术，在时效性及经济性方面具有较大优势，应用前景广阔。将现场实践经验与理论研究、实验室探索相结合，持续完善与优化污染场地修复设计，有助于进一步推动高级氧化技术的实际应用。因此，深入研究并有效利用高级氧化修复技术，对于实现场地土壤和地下水污染绿色低碳修复具有重要意义。

针对高级氧化技术目前的发展现状及在污染场地土壤和地下水修复应用中发现的一些问题，笔者认为未来应重点加强以下几个方向的研究：

(1)绿色、高效、低成本新型氧化剂开发。氧化剂是高级氧化技术实现工业化应用的基础，不同氧化剂适用于不同的应用场景。如臭氧氧化系统具有较高的传质效率，适合于低水分、低有机质和粗颗粒土壤的原位修复；电 Fenton 系统的特点是原位生成 Fenton 试剂和增强在黏土中的传质。高级氧化技术大规模的工业化应用，需要研究和开发适用于不同修复场景的低成本、高效率的氧化剂，如过硫酸盐在实际场地修复应用过程中常存在分解过快、过量添加、利用效率低等导致氧化剂浪费的问题，而开发地下水中较稳定、持续性延长的不同类型缓释材料可以解决以上问题。如近几年颇受关注的过碳酸钠、过氧化钙等新型氧化剂，不仅可以缓释过氧化氢，而且固体形态便于运输和存储，相对于液体过氧化氢更加安全稳定。因此，高效、绿色氧化剂的研发必将是该领域今后研究的热点。

(2)基于高活性自由基调控的活化剂材料研发。高级氧化技术中活化剂的选用是关键因素之一，活化剂在非均质土壤和地下水介质中的稳定性和寿命、活化剂的活化效率决定了氧化剂在高级氧化技术体系中产生自由基的能力，应探索开发效率更高、成本更低和对环境更友好的催化剂。如过硫酸盐氧化体系可通过过渡金属活化、热活化、碱活化等多种活化方法生成 $\cdot OH$ 和 $SO_4^{2-}\cdot$ 等活性物种。近年来, 纳米零价铁及炭支撑材料等原料合成的绿色纳米零价铁、硫化纳米零价铁、黏土矿物(如凹凸棒石)-纳米零价铁复合材料、纳米磁铁矿负载生物炭、水热生物炭包裹纳米零价铁负载材料、还原氧化石墨烯负载的磁铁矿纳米粒子等改性铁基材料, 以及层状双金属氢氧化物等新兴材料被广泛研究和应用于高级氧化体系中, 且被证明是高级氧化技术中高效的活化剂材料。最新研究表明, 过硫酸盐也可以被葡萄糖、醌、酚类化合物甚至水泥活化, 极大地拓宽了过硫酸盐的活化剂种类, 增加了其实际应用范围。近几年发展起来的由金属基团和有机配体结合而成的金属有机框架材料(MOFs)在高级氧化体系中也表现出较好的应用前景。不同金属配体可发挥不同的催化作用, 如研究发现锰钴铁三元 MOFs 衍生的 MnCoFeO 材料活化过硫酸盐降解磺胺甲噁唑表现出较高的催化性能, 丰富的高活性 Fe、Co、Mn 位点、路易斯碱位点和氧空位是污染物降解的关键活性位点, 并且调控 Mn 的掺杂量可调节氧空位的含量, 拓宽了此类材料的应用范围。此外, 对 Cu_5/FeS_2 材料的最新研究进展也表明, Cu 原子可以在(001)面暴露的 FeS_2 表面自组装成单原子层 Cu_5 纳米团簇而形成 Cu-Fe 双金属催化位点, 通过与过氧化氢形成桥连 Cu—O—O—Fe 络合物促进过氧化氢的吸附和自发解离, 实现表面分子水平上 ·OH 的持续稳定活化和较宽泛 pH 范围内甲草胺等难降解有机污染物的氧化降解, 为活化剂的研发提供了一种全新的思路。同时, 以往的研究通常过度关注活化剂的制备和表征、污染物氧化降解, 忽视了活化剂自身的表面化学特征(氧空位等缺陷结构、异质结等)与 ROS 生成、反应速率和途径的影响等高级氧化性能的有机联系, 因此, 在分子水平上深入研究活化剂固体表面组成、结构和电子状态等表面化学特征与其高级氧化性能的联系, 也将是未来研究的热点。

(3)针对高风险有机复合污染场地的高级氧化技术应用研究。研究新型多功能复合材料对苯-氯苯-硝基苯、氯代烃-二噁烷、苯-萘等复合污染物的强化降解机制, 构建基于纳米零价铁复合材料等环境友好型地下水污染修复材料的技术体系, 实施工程示范, 可为场地高风险、高复合污染绿色可持续修复提供技术支撑。随着我国工农业生产的快速推进, 环境污染日趋严重且复杂化, 所发生的污染可能是以某一种元素或某一化学品为主, 但在大多数情况下, 进入环境中的污染物不断积累、迁移转化, 形成复合污染的可能性较大。因此, 新形势下复合污染的去除研究具有非常重要的科学意义和实践价值。

(4)环境新兴污染物的高级氧化降解技术研究。随着工业经济的发展和人类频繁的生产活动, 大量人工合成的护肤品、药品、工业化合物、杀虫剂、内分泌干扰物等化学品进入天然环境中, 其中的污染物如磺胺甲噁唑等磺胺类抗生素(SAs)、全氟及多氟类化合物(PFASs)、双酚类化合物、邻苯二甲酸酯类化合物、溴代阻燃剂、氯代消毒剂、微塑料等。近年来不同浓度的精神活性物质如氯胺酮、甲基苯丙胺、麻黄碱等新型污染物在美国、欧盟、加拿大、中国等世界各地的污水处理厂中被频繁检出，它们具有较强的极性和生物活性，不易挥发且难以生物降解，常规处理方法存在去除率较低、运行成本较高、无法实现彻底降解等问题。高级氧化技术有望通过自由基与污染物之间的加成、脱氢、电子转移、断键等反应，将难降解有机污染物矿化为二氧化碳、水及其他无害物质。目前关于高级氧化技术降解精神活性物质等新兴污染物的研究相对匮乏，亟须开展相关研究。

(5)重点行业高排放-难降解废水处理工程示范。制药、造纸、制革、焦化、电镀、冶金、印染、食品加工等行业通常产生高浓度、难降解、成分复杂的废水，如不及时处理，将严重污染水体，对生态环境和人类健康带来极大危害，严重阻碍我国循环经济的可持续发展。因此，加强高级氧化技术与其他处理工艺的优化组合，优化修复药剂的使用量并防止由于中间产物或最终产物的残留带来的二次污染，开展高级氧化技术在这些领域的关键处理技术及典型工艺流程的中试示范，有助于推动高级氧化技术的发展和实际应用。

强化土壤污染管控与修复，打好净土保卫战，逐步改善土壤与地下水环境质量是我国当前的重大科技需求之一，而在"双碳"目标被纳入生态文明建设整体布局的背景下，污染场地土壤和地下水处理技术必将朝着绿色低碳方向发展，为高级氧化技术的不断革新和迭代升级带来了重要机遇。

附录 中英文术语缩写词对照

英文缩写	英文全称	中文全称
AC	activated carbon	活性炭
AOTs	advanced oxidation technologies	高级氧化技术
BA	benzoic acid	苯甲酸
BC-nZVI	biochar supported nanoscale zero valent iron	生物炭负载纳米零价铁
BPA	bisphenol	双酚 A
BTEX	benzene, toluene, ethylbenzene and xylene	苯、甲苯、乙苯、二甲苯
BTZ	bentazon	苯达松
CHP	catalyzed hydrogen peroxide	催化过氧化氢法
Cl•	chlorine radical	氯自由基
CNTs	carbon nano-tube	碳纳米管
COCs	contaminants of concern	关注污染物
COD	chemical oxygen demand	化学需氧量
CP (CaO$_2$)	calcium peroxide	过氧化钙
CSM	conceptual site model	场地概念模型
CVOC	chlorinated volatile organic contaminant	氯化挥发性有机污染物
CWAO	catalytic wet air oxidation	湿式空气催化氧化
DBP	dibutyl phthalate	邻苯二甲酸二丁酯
DCE	dichloroethylene	二氯乙烯
DDD	1,1-dichloro-2,2-bis(p-chlorophenyl)ethane	1,1-二氯-2,2-双(对氯苯基)乙烷
DDE	2,2-bis(p-chlorophenyl)-1,1-dichloroethylene	2,2-双(对氯苯基)-1,1-二氯乙烯
DDT	dichloro-diphenyl-trichloroethane	双对氯苯基三氯乙烷
DMPO	5,5-dimethyl-1-pyrroline-N-oxide	5,5-二甲基-1-吡咯啉-N-氧化物
DMSO	dimethyl sulfoxide	二甲基亚砜
DNAPL	dense non-aqueous phase liquid	重非水相液体
DO	dissolved oxygen	溶解氧
DP	direct push drilling	直推式钻井
EDDS	N,N′-ethylenediamine disuccinic acid	N,N′-乙二胺二琥珀酸
EDTA	ethylene diamine tetraacetic acid	乙二胺四乙酸
EPA	U.S. Environmental Protection Agency	美国国家环境保护局

英文缩写	英文全称	中文全称
EPR	electron paramagnetic resonance	电子顺磁共振
FFA	furfuryl alcohol	糠醇
GCW	groundwater circulation well	地下水循环井
GDE	gas diffusion electrode	气体扩散电极
G-ND	graphitized nano diamond	石墨化纳米金刚石
GO	graphene oxide	氧化石墨烯
HEDPA	1-hydroxy ethylidene-1,1-diphosphonic acid	1-羟基乙烷-1,1-二膦酸
$HO_2\cdot$	hydroperoxyl radical	氢过氧自由基
H_2O_2	hydrogen peroxide	双氧水
ISCO	in situ chemical oxidation	原位化学氧化
LDH	layered double hydroxide	层状双金属氢氧化物
LDO	layered double oxides	层状金属氧化物
LEL	lower explosive limit	最低爆炸极限
LNAPL	light non-aqueous phase liquid	轻质非水相液体
MCB	monochlorobenzene	氯苯
MCLA	methoxycyprinus luciferin analogue	甲氧基西普林荧光素类似物
MSDS	material safety data sheets	材料安全数据表
MTBE	methyl tertiary butyl ether	甲基叔丁基醚
$N\cdot$	nitrogen radical	氮自由基
NAPL	non-aqueous phase liquid	非水相液体
NaTA	sodium terephthalate	苯二甲酸钠
NBT	nitroblue tetrazolium	硝基蓝四氮唑
ND	nanodiamond	纳米金刚石
NOD	natural oxidant demand	背景需求量
NOM	natural organic matter	天然有机质
nZVI	nanoscale zero valent iron	纳米零价铁
$O\cdot$	oxygen radical	氧自由基
$\cdot O_2^-$	superoxide ion radical	超氧自由基
$^1O_2$	singlet oxygen	单线态氧
O_3	ozone	臭氧
$\cdot OH$	hydroxyl radical	羟基自由基
ORP	oxidation reduction potential	氧化还原电位
PCB	polychlorinated biphenyl	多氯联苯
p-CNB	p-chloronitrobenzene	对氯硝基苯
PDS	peroxy disulfate	过二硫酸盐

英文缩写	英文全称	中文全称
PMS	peroxymonosulfate	过一硫酸盐
PV	pore volume	孔隙体积
PVC	polyvinyl chloride	聚氯乙烯
rGO	reduced graphene oxide	还原的氧化石墨烯
ROS	reactive oxygen species	活性氧
SA	salicylic acid	水杨酸
$SO_4^-\cdot$	sulfate radical	硫酸根自由基
SOD	soil oxidant demand	土壤氧化需求量
SPC$(2Na_2CO_3\cdot3H_2O_2)$	sodium percarbonate	过碳酸钠
SSL	soil screening level	土壤筛选水平
STPP	sodium tripolyphosphate	三磷酸钠
TA	terephthalic acid	对苯二甲酸
TCA	2,4,6-trichloroanisole	三氯苯甲醚
TCE	trichloroethylene	三氯乙烯
TEMP	2,2,6,6-tetramethylpiperidine	2,2,6,6-四甲基哌啶
TIC	total inorganic carbon	总无机碳
TOC	total organic carbon	总有机碳
TPH	total petroleum hydrocarbons	总石油烃
UPVC	unplasticized polyvinyl chloride	硬聚氯乙烯
VOC	volatile organic compound	挥发性有机化合物
WAO	wet air oxidation	湿式空气氧化
XTT	2,3-bis(2-methoxy-4-nitro-5-sulfophenyl)-2H-tetrazolium-5-carboxanilide	2,3-双(2-甲氧基-4-硝基-5-磺苯基)-2H-四氮唑-5-甲酰苯胺
1,4-D	1,4-dioxane	1,4-二恶烷